JN162415

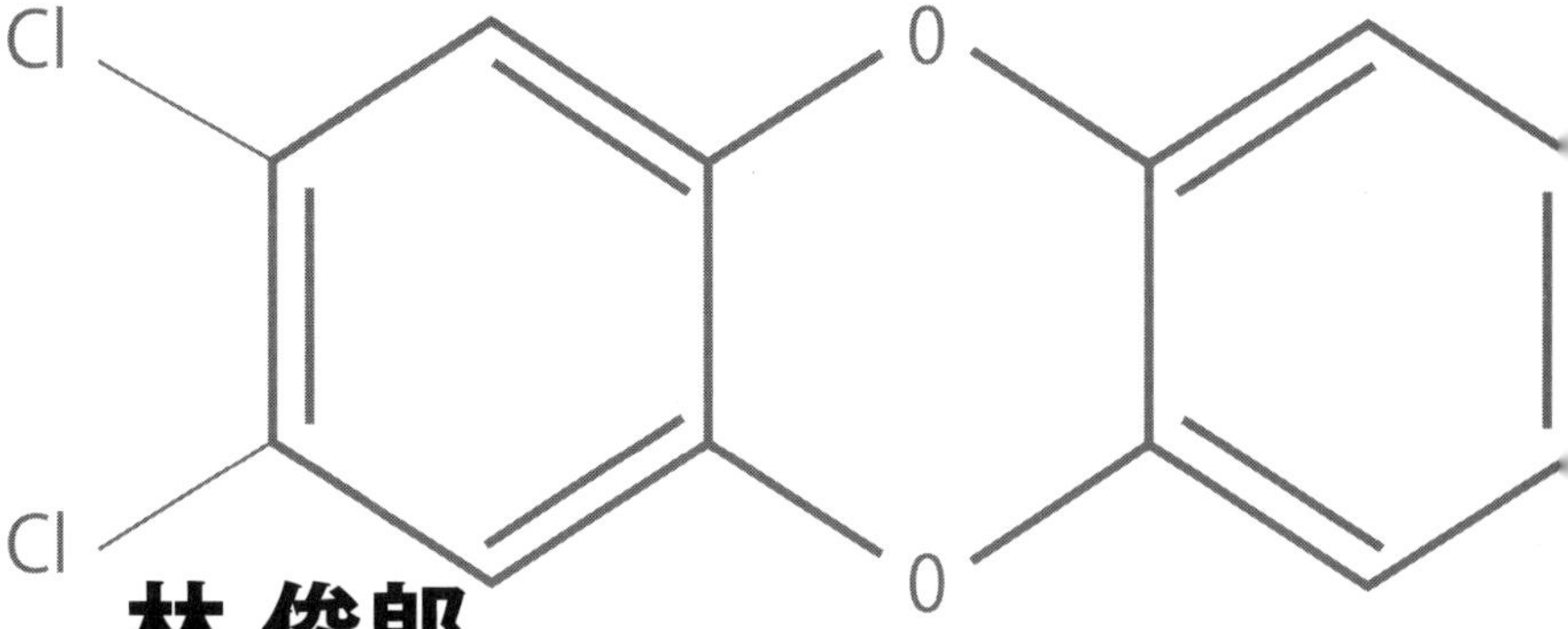

林 俊郎
Hayashi Toshiro

ダイオキシン物語

残された負の遺産

日本評論社

まえがき

国中を恐怖の渦に巻き込んだダイオキシン旋風が吹き荒れてから早20年、その後この国は本格的な平成不況の真っ直中に突入しました。デフレ脱却を目指した思い切った金融政策などのアベノミクス効果も構造的不況の前には無力でした。地方自治体の財政破綻や新しい産業化に対する障害などといった構造不況の元凶に、世界に類例のないダイオキシン法があるのをご存知でしょうか。２０１１年3月11日の東日本大震災で発生したガレキの処理に、莫大な国費と4年もの年月を要したのも、この法律があるからです。

ダイオキシン法は、国民の健康が危機に瀕しているとして国民の不安が極度に高まっているという警告から緊急避難的な処置として、議員立法による特別措置法として法制化されました。この法律は経済を犠牲にしても、何よりも人命を優先する人道的な精神から生まれたものと理解することができます。

地方自治体に勧告された焼却炉対策に特化した新ガイドラインが通達されてから20年、

ダイオキシン法が施工されてから17年が過ぎ、地方自治体は耐用年数が20年足らずの高額な大型焼却炉（1基当たり100〜500億円、年間維持コスト推定10億円前後）を新設の炉につくり換えなければならず、どこの自治体も頭を痛めています。そのため清掃施設現場からダイオキシン法の功罪を問う声が出ています。

この本は先に述べた社会的背景に鑑みて、ダイオキシン法が制定された経緯を踏まえて読者のみなさまにその功罪を確認していただくことを目的にしています。

法律は国民が安心して暮らすのに欠かせないものですが、中には悪法もあります。民主主義の国では、法律の制定には国民の合意が必要です。それが大多数の国民にとって必要な法律であれば合意は簡単に取り付けられますが、悪事の隠蔽や利権がらみの法律は合意を取り付けるためのさまざまな情報操作が行われます。そのようにして法制化された悪法で知られるライ予防法とエイズ予防法が制定された理由と経緯を簡単に紹介[1]します。

国が世界にはないライ予防法の誤りを認めて謝罪し、これを廃止したのが1996年です。世界の潮流に逆行してこの悪法は実に90年に及んで続き、ライ病患者に対して強制的な隔離、堕胎、断種などの非人道的なことが行われていました。この法律の存続と強化にライ病のある権威者が関わっています。この人物はライ病が感染力の強い伝染病であり、体質遺伝する、という世界の見解とはまったく異なった説を国民に浸透させるためのプロパガンダを展開しました。当時の国民を落涙させたとされる『小島の春』も、よく読み解くとある政治的な意図の下につくられたことが理解できます。この本の宣伝効果は絶大で、ある新聞はこの人物を日本のシュバイツアーと讃えました。

ところが、この人物はある重大な悩みを抱えていたのです。それは先に述べた強制堕胎や断種などの犯罪行為を行ったことです。彼はこの罪を何としても免れるために、これを合法化させるべくライ予防法を改正させて優生保護法を適用することを画策します。このベストセラー本の出版と映画化は見事にこの法律の改正と連動しています。

戦後になって特効薬が輸入され、もはや患者はほとんどいなくなりましたが、彼は1956年の療養所の所長会議で「軽快者だとて絶対に出してはならない。これは遺言として残しておく。」と語ったといいますが、それほどまでに患者の口を恐れたのです。

日本で発生したエイズ禍は性感染ではなく薬害です。血友病患者のおよそ半数に相当する2、000人ほどの方々が、汚染された輸入非加熱製剤でエイズウイルスに感染しました。90年代の日本人感染者の大半が血友病患者であったのです。

エイズ問題ほど医療行政の日米格差をあからさまにするものも珍しいようです。米国は血友病患者のエイズ発症に気づくや直ちに感染の確率が低いクリオ製剤に切り替え、まもなく安全な加熱製剤を導入します。一方、日本の血友病患者団体は、早い段階からクリオへの転換と国産化を国に要求しますが、黙殺されます。また、米国から安全な加熱製剤への切り替えの勧告も拒絶しました。日本だけが2年半近くも危険な非加熱製剤を血友病患者に投与し続けたのです。そのため、この間に血友病患者から大量の感染者を出しました。これによって数多くの犠牲者が出ました。

当然、早くから血友病患者からエイズ発症者が出ていましたが、国はこの事実を2年以上も隠し続けます。エイズサーベイランス委員会は1985年になって日本人エイズ第一号を記者クラブで公表し、国民の動揺が広がります。公表された日本人エイズ患者第一号は米国在住の男性同性愛者の日本人でした。呆れたことに国はどうしても血友病患者のエイズを隠したかったのです。その理由はここでは省略しますが、行政側にいくつもの重大な過失があったのです。そこで最初に考え出されたのが、伝染病に組み入れて強制収容することでした。しかし、さすがにこれは却下されて、エイズ予防法にすることで落ち着いたようです。当初の法案は、患者やあるいは疑わしい人物に対する罰則規定が盛り込まれていました。

エイズ予防法の本来の目的はエイズの恐怖を国民に浸透させて、血友病患者に対する差別意識の助長と患者の口封じにあったと言われています。そのための宣伝工作が展開されました。エイズ発症者の個人情報を公開して各地でエイズパニックを仕組んだのです[2]。法案に反対する野党議員に対して、社会問題調査会で大阪府の男性患者の個人情報の資料の配付を行い、それが最後のとどめとなってついに法案が可決されました。それにしてもこの国のマスコミは、エイズ問題には何の貢献もなく、まんまと国の宣伝工作の片棒を担いだことになります。

この二つの法律は、いずれも権力者が自分たちが犯した犯罪的行為や失政を隠蔽することを目的に、画策したととらえることができます。そのため、感染の危機を煽って国民の合意を取り付けた例といえます。

それではダイオキシン法はどうでしょうか。ベトナム戦争以降、ダイオキシンの恐怖は少しずつ人々に知られるようになってきました。私も30年ほど前に化学実験のテキストに数行ですがダイオキシンの毒性を強調した文を書いたことがあります。

ダイオキシンの恐怖情報が全国的な広がりをみせるようになったのが、90年以降になってからです。それはゴミ焼却から排出する煙とダイオキシンをリンクさせることにより、その恐怖があたかも空気感染するかのように拡大しました。そして、乳児の異常な死亡や体内暴露による先天的なアトピー児の大量出現、焼却炉周辺住民の高濃度汚染と異常ながん死の増加が指摘され、国民の恐怖は極限に達しました。

一方、ダイオキシンの猛毒説に疑問符を投げかける少数者も現れます。最初に猛毒説に疑問を呈した人は、私の知る限りでは滝澤行雄氏（当時、秋田大医学部教授）で『ダイオキシンの医学』[3]です。その後、日垣隆氏[4]を始め幾人もの方々がダイオキシンの猛毒説に異議や疑問を投げかけました。私も学内で1998、99年と2年連続でシンポジウムを開催し『ダイオキシン情報の虚構』[5]（以降『虚構』とする）を出して猛毒説と巷間に流布している被害情報に異議を訴えました。しかし、これらの少数者の意見はダイオキシン恐怖の嵐の中でかき消されました。

矢継ぎ早の恐怖情報の嵐の中で、もはやいずれの説が正しいのか冷静に検証する時間的余裕がなかったというのが当時の状況であったようです。万一を恐れる国民が、危険情報に敏感に反応し、毒物であるダイオキシンの排出を抑制する運動に駆り立てられるのは至極当然の行動でした。反ダイオキシンの市民運動は全国に拡大しました。国も国民に応えて学校など小型焼却炉の使用を禁じるなどの対策を進めました。やがてダイオキシン法が制定され2000年に施行されると、各地で勃発していたダイオキシン騒動は急速に沈静化しました。

それから3年も過ぎた2003年1月に私は、『ダイオキシン――神話の終焉』[6]（以降

『終焉』とする）を出しました。この本は前段の科学編を共著者の渡辺正氏（当時、東大教授）、後段の社会編を私が担当しました。この本は大きな波紋を呼び、新聞各紙や雑誌に取り上げられ、毎日新聞では5段抜きで書評欄[7]の末尾に「日本で起こった最初の科学スキャンダル、後世の歴史書に旧石器遺跡捏造事件と並んで紹介されるかもしれない。」と書かれ、また信濃毎日新聞[8]では「日本中の国民が騙されたということか。」と書く評者も出ました。

一方、この本に対する抗議集会や徹底討論会も開催され、この国で発生したダイオキシン問題を巡る論争はその後も続いたのです。

『終焉』が出た翌年にテレビ朝日の所沢産野菜の特集番組の放送内容を巡る最高裁判決が結審し、農家側の実質的な勝訴の判決が下されました。この特集番組は一連の反ダイオキシン運動のクライマックスとでもいうべきもので、これを契機に一気にダイオキシン法の法制化の運びとなりましたから、国のダイオキシン政策に深い影響を及ぼすものでした。この放送では単にほうれん草と煎茶のすり替え問題に止まらず、テレビ局側の証拠資料として提出されたあるダイオキシン学者の分析試料そのものが否定されるなど、数々の問題点が浮き彫りにされました。

また、この同じ年にウクライナでダイオキシンを使った大統領候補暗殺未遂事件が発生しています。国際的なスキャンダル事件にダイオキシンが使われた初めての事件です。日本のマスコミは、この事件の衝撃的な部分だけを報道し、その後の報道をしていませんが、この事件はダイオキシンの毒性とはいかなるものか、科学的な真実を明確に示すものでした。

『終焉』を出してからのダイオキシン学者との論争の中で、新たな事実が明らかになってきました。それは、人口動態統計の肝がん死データの改竄疑惑やアトピー性疾患実態調査の解析を巡る疑惑などです。

とても全貌とはいえませんが、かなりのことが明らかになってきました。ダイオキシンを除く農薬や食品添加物、その他環境を汚染する物質はすべて環境基本法で規制され、絶えず新しい知見で見直しが行われていますが、海外に類例のないダイオキシン法は議員立法による特別措置法により法制化されており、よほどのことがない限り見直しが行われません。このままでいいのか、あるいは改正の必要があるのか、そろそろ国民が科学的に決着をつけなければならない時期にきていると考えます。ダイオキシンについての知識の大部分は伝聞によるものと思われます。この本も単に読まれただけでは伝聞にすぎません。知識を生きた知恵に昇華させるにはどうしても自ら解析していただくことが必要と思います。それによって初めて主体的な見解が生まれると考えます。そこで、本書では自ら科学していただけるように工夫を凝らしました。

ダイオキシン問題の全体像をつかんでいただくために、この本は前著の『虚構』や『終焉』と一部項目が重なりますが、新しい知見や視点から解説しており、内容はかなり異なると考えています。

この本は3部より構成しています。第1部（第1〜3章）の歴史編では、最悪の猛毒で最強の発がん物質の真相を歴史的事例を上げて考えることにしています。また、コラムではダイオキシンは体内に蓄積され続けるという説は正しいのか、また主たる放出源はゴミ焼却だったのか、これまで定説化してきた説を検証します。

第2部（第4〜6章）のシナリオライター編では、ダイオキシン法制定までの足取りを、一つの流れとしてシステム工学的視点から解析します。そして、ダイオキシン法とはいかなる法律か、その問題点や経済性などを多角的に考えることにします。

第3部（第7〜15章）の演出編は、この本の多くを占めています。ダイオキシンはがんを50％も増やし、肝がんや肺がんの増加要因という根拠は油症研究のデータから発したものですが、これが真実か自ら解析していただきます。その他、ダイオキシンによるアトピー発生説や家庭ごみの自家焼却により乳児が死んでいるという説などについてもこれが真実かどうか自ら検証していただきます。このほかに、肝がん死のデータ公開の在り方や人口動態統計の肝がん死データの食い違いの現象について自ら解析していただき、なぜこのようなことが起こったのかを考えることにします。また、ダイオキシンを専門とする学者（ダイオキシン学者）や反ダイオキシン市民運動との論争など事実を隠すことなく公開し、当時の状況を思い返していただくようにしました。

目次

第1部

歴史編

第1章　史上最悪の猛毒で最強の発がん物質の真相

人類史上、ダイオキシンで亡くなった人はいない

マスコミが、「ダイオキシンは、人類が作り出した史上最大・最悪の猛毒であり、あのオウムによる地下鉄サリン事件の有機リン系神経性毒ガス・サリンの17倍、青酸カリの1万倍の急性致死毒性があり、わずか1グラムで17、000人を殺す、人間がつくり出した史上最強の猛毒」と過激な表現で報じていました（『明日なき汚染　環境ホルモンとダイオキシンの家』[9]）。

しかし、これらは実体を伴わない架空の話にすぎません。動物実験によるとダイオキシンの急性毒性に最も弱い実験動物はモルモットで、最も強い実験動物のハムスターとの間に、1万倍もの差があります。ダイオキシンで亡くなった人は現在まで認められていないためにヒトに対する致死量はわかっていませんが、これまでの暴露事例からヒトは一般の動物に比べ、ダイオキシンに対する耐性が高く、動物に対する毒性をヒトに適用すること

に警告する学者が多いことも認識しておく必要があります（『地球環境と人間』[10]）。

ところが、わが国で数多くの人がダイオキシンで亡くなっているということが報告されるようになってきたのです。

「埼玉県所沢市周辺では産廃ゴミ焼却場から発生するダイオキシンによって新生児が殺されている、家庭ゴミの自家焼却で発生するダイオキシンで大量に赤ちゃんが死んでいる、家庭や商店、学校の小型焼却炉全廃に向けて国や県を動かす。」（『「ゴミ焼却」が赤ちゃんを殺すとき』[11]）（以降『赤ちゃんを殺すとき』とする）

と、ある市民運動団体が告発しました。また、出版された『Q＆Aもっと知りたい環境ホルモンとダイオキシン』[12]には、

「ダイオキシンが関与したカネミ油症事件で、約３００人が亡くなり、１、８００人ほどの人が患者と認定されました。」

と記述しています。さらに、都の予算で出版され、主婦層に浸透しているくらしに関する

公の情報誌『東京くらしねっと』（No.12、98年）[13]には、
「イタリアのセベソにおける農薬工場爆発事故によるダイオキシン被曝で、数多くの死傷者が出た」

と記述しています。また、ベトナム戦争時に米軍が撒いたダイオキシンを含む枯れ葉剤で多くの人が亡くなったと書いた本[14]も目にしたことがあります。いずれもダイオキシンに強力な急性・致死毒性があり、現実に犠牲者が出ていることを人々に訴えているものです。これらについてはそれぞれ各章で解析しますが、「未だかつて、世界中で、ダイオキシンの毒が直接の原因となって、誰か1人でも急性中毒によって亡くなったという明らかな形跡はない」[15]というのが国際的な科学者の共通理解です。

■農薬工場爆発事故

人間が高濃度のダイオキシンに暴露した最初の事例は、1872年にドイツの化学者が初めてダイオキシンを偶然合成したときです。このときに合成に関わった2人の科学者がクロロアクネ（塩素ニキビ）と呼ばれる特徴的な皮膚炎にかかり入院したと記録しています。

１８８１年にはポリ塩化ビフェニール（ＰＣＢ）が合成されました。ＰＣＢには、ダイオキシン類が含まれており、後に有名な食品公害事件「カネミ油症」の原因になります。

なお、ダイオキシンは正確にはダイオキシン類と呼ぶべきもので、塩素系だけでなく臭素系のものも含めると４、０００種類もあると指摘する人もいます。現在、国際的に問題にされているのは塩素系の内の二百数十種、これらにはジベンゾパラダイオキシン、ジベンゾフラン、ノンオルソ（コプラナ）ＰＣＢの三つのタイプがあり、これらを総称してダイオキシン類と呼んでいます。ダイオキシン類の中で毒性が認められているものは29種です。これらはいずれも毒性が共通していますが、毒性の強さに1万倍もの差があります。そのため、ダイオキシン量は、最強の毒性を示す２、３、７、８－四塩化ジベンゾダイオキシン（ＴＣＤＤ）の毒性を1としてそれぞれの毒性力に応じた等価換算係数をダイオキシン類の量に乗じて求めることになっています。これだとダイオキシンの種類に関係なく、ダイオキシン量を最強のＴＣＤＤの量に換算して表すことになり、健康へのリスク評価を行うことができます。このようにして求めたダイオキシン量の末尾には等価換算値を意味するＴＥＱを付けて示すことになっていますが、本書ではこれを省略します。そのため、ここで示したダイオキシン量はすべて最強のダイオキシンに換算した値で示します。なお、コプラナＰＣＢは97年のスウェーデンのストックホルムで行われたＷＨＯの会議により毒性が評価されたもので、それ以前のダイオキシン量にはこれらが含まれていません。

DDTはPCBよりも古く、すでに1873年に合成されていましたが、1938年になってDDTに殺虫効果のあることが分かり、43年には米国で大量生産が始まります。殺虫効果のあることを発見したドイツのP・ミューラーは、後に世界の食糧問題やマラリアの撲滅などの医療問題に著しく貢献したとしてノーベル賞を受賞しています。

以降、有機塩素系農薬が相次いで合成・製造されてきました。当時、世界のほとんどの国には十分な食糧もなく、そのため幼い子どもたちの死亡率が突出していた時代に、十分な食糧供給に寄与したという意味では、これらの農薬は確かに人類に大きな恩恵をもたらしたともいえます。

しかし、有機塩素系農薬には二つの重大な欠陥がありました。その一つは他の有機リン剤などの農薬と異なって環境中で安定で残留性が高いということと、もう一つは製造過程でダイオキシンが副生する可能性があるという点です。

ダイオキシンは300℃という高温下で合成が著しく促進されます。農薬を合成する工程で、温度コントロールを誤ったことにより、多量のダイオキシンが副生し、それに続いて反応塔の安全弁が高圧のため破壊してダイオキシンが吹き出るという惨事が世界で相次いで発生しました。

これらの事故に遭遇した化学者や工場の従業員、さらには近隣住民が高濃度のダイオキシンに暴露し、皮膚障害の塩素ニキビが発生しています。

49年には、米国ニトロ市にある2、4、5－T（トリクロロフェノキシアセテイト）合成工場で災害が発生し、250人がダイオキシンに暴露しています。2、4、5－Tは、後に米軍が枯れ葉剤作戦に用いた戦略兵器の主成分です。

53年には、西ドイツにあるＴＣＰ（トリクロロフェノール）合成工場で爆発事故が発生し、42人が塩素ニキビを発症しています。ＴＣＰは、除草剤2、4、5－Tの合成原料です。当時は、ダイオキシンが原因ということが分かっておらず、そのまま操業を続けたために、皮膚障害を受けた従業員は75人に増加したといいます。

63年には、オランダの2、4、5－T合成工場で事故が発生し、200～500グラムのダイオキシンが狭い工場内にばらまかれ、掃除に従事した従業員に塩素ニキビが発生したものの、その後回復したといいます。500グラムのダイオキシンは、90年代当時、日本のマスコミで書かれていた推定致死量に換算すると、850万人の人命を奪ったはずの量に相当するものです。

いずれにしても、数々の農薬工場の事故によって高濃度のダイオキシンに暴露した人々の間にはほとんど1年以内に元通りになる特徴的な皮膚炎を発症したものの、それが原因で犠牲者が出たという報告はありません。

農薬工場の爆発事故やベトナム戦争の米軍従軍兵、日本の油症患者など世界中で30万人ほどが高濃度のダイオキシンに暴露したと推定されていますが、海外の信頼できる資料を見る限り亡くなった方は1人も確認されていません。

さらに、ダイオキシンの猛毒説を否定する事件がウクライナで発生しています。2004年12月にウクライナ大統領候補者がダイオキシンによって危うく殺されかけたという国際スキャンダル事件が発生しました。この候補者には最強のダイオキシンを史上二番目に多い量を盛られましたが、風貌が一過性のあばた面になったおかげで国民の同情をかって大統領に就任したという事件です。この事件はダイオキシンの毒性とはいかなるものかを明確に示していますが、これについては第9章で紹介します。この事件でも分かるように、高濃度のダイオキシンに暴露した患者の主な症状は塩素ニキビと呼ばれる皮膚炎ですが、多くが1年以内に症状が改善したことが報告されています。なお、ここで注意しておかなければならない点は、一過性の塩素ニキビになった人々が暴露された高濃度のダイオキシン量は、私たちが日常食物や環境から暴露されているダイオキシン量より数万倍も高いという点であり、日常暴露している量と事故や事件で暴露している量を同じように考えてはならないということです。

最強の発がん物質の正体

ダイオキシンには必ずといえるほど「最悪の猛毒、最強の発がん物質」という枕詞がつけられ、その怖さがアピールされてきました。しかし、これはとんでもない誤解です。

がんは、正常な細胞の遺伝子の暗号の一か所が変わることによって突然変異を起こしてがん遺伝子となり、このがん細胞が無制限に増殖して大きな固まりに成長することにより発症するものです。そこで、発がん物質による発がん作用は次の二段階発がんモデルが想定されています。簡単に説明すると、第一段階ががん遺伝子を誘発するイニシエーションであり、第二段階が発生したがん細胞の分裂を促進するプロモーションになります。そのため、発がん物質の作用には初発因子（イニシエーター）と促進因子（プロモーター）の二通りが想定されています。たばこの煙に含まれるベンツピレンには、強力なイニシエーションとプロモーションの両方の作用のあることが証明されており、第一級の発がん物質ということになります。この他にも食物由来のがんの原因の80％を占めるというジメチルニトロソアミンやカビ毒のアフラトキシンなど名の知られた発がん物質は、軒並みイニシエーションとプロモーションの両方の作用をもっています。

ところが、ダイオキシンには肝心なイニシエーション作用がありません。そのため、正常な細胞にどれほど大量のダイオキシンを暴露させてもがん細胞は発生しないのです。

そこで、ダイオキシンの発がん性を証明するために涙ぐましい努力が払われてきました。それは、予め遺伝毒性のある本格的な発がん物質に暴露させてがん細胞を誘発させた後で、高濃度のダイオキシンに暴露させてがんの発生を比較するというものです。ダイオキシンに発がん性があるという報告はこのような動物実験によるものです。

いくつか例をあげてみます。ダイオキシンの代表的な標的臓器は肝臓とされていますが、それは次のような動物実験によるものです。

メスのラットを遺伝毒性のあるジエチルニトロソアミン（DEM）に暴露させて肝がん細胞を誘発させた後で、最強のダイオキシンを100ナノグラム、2週間に一度、7か月間投与して肝がんの発生率が増加するというものです。この方法で多くの研究者が肝がんの増加を確認していますが、いずれも予めDEMで肝がん細胞を誘発させておかなければ肝がんは増加せず、このダイオキシンの1回当たりの投与量は私たちが日常暴露している濃度の50万倍にも相当するものです。また、オスのラットではこの方法では肝がんの増加を認めることはできず、メスのラットでも卵巣を摘出すると肝がんの発症率は著しく低下します。

肺は肝臓についでダイオキシンの数少ない標的臓器の一つで、焼却炉から排出するダイオキシンが今日の肺がんの増加をもたらしたという極端なことが喧伝されたことがあります。ダイオキシンが肺がんを発生させるという動物実験がいかなるものかを見ることにします。卵巣を摘出したラットと正常なラットに予めＤＥＭで肺がん細胞を誘発させてから、最強のダイオキシンを１００ナノグラム／キログラムを60週間毎日投与して比較していま す。このダイオキシン投与量は先進国の人々が日常暴露しているダイオキシンの6万倍、全体で6・9万年分に相当するという、現実にはありえないものです。その結果、卵巣を摘出したラット37匹中、4匹に肺がんが発生したというもので、卵巣を摘出しないラットには肺がんは発生しません。また、オスのラットでは肺がんは発生しないことはいうまでもなく、とてもダイオキシンに強力な発がん性があるというイメージではありません。

ところが、この類の動物実験の事例が米国環境保護庁（ＥＰＡ）の『ダイオキシンレポート』に掲載され、あたかもダイオキシンに強力な発がん性があるかのようなイメージを読者に植え付けています。邦訳された『ダイオキシン入門』[16]にも強い発がん性という言葉が出てきます。

■ダイオキシンのがん抑制効果

むしろＥＰＡの報告書で注目すべきは、ダイオキシンにはがんを抑制する作用がある可能性すら示されています。それは、マウスを用いた皮膚がんの発生について最強の毒性を持つダイオキシンでイニシエーションとプロモーション作用を調べた実験です。予めダイオキシンを投与したマウスに強力な遺伝毒性のあるDMBA（7、12－ジメチルベンゾアントラセン）でイニシエーションをかけると、ダイオキシンはプロモートしないだけでなく、DMBAのイニシエーションそのものを阻止することが認められています。大量（0・1マイクログラム）の投与でほぼ完全（96％）に阻止することが報告されています。この他にも乳がんの発生を抑制することが報告されていますが、ダイオキシンによるがん抑制作用は日本の油症研究からも指摘できます。意外に思われるでしょうが、高濃度のダイオキシンに暴露した日本の油症患者のがん死亡率は全国比で40％も低いのです。これについては第7章で紹介します。

それではダイオキシンの発がん性がこれほどまでに注目されてきたのはなぜか。それはベトナム政府の報告[16]からです。枯れ葉剤の空中散布が開始された62年から肝がん死亡率が急増してきたというものです。『ダイオキシンレポート』にも指摘されていますが、がんの発症にはたいてい一定（10年以上）の潜伏期があります。潜伏期がないがん発症の報告は医学的にはその関連性が疑問視されるのがふつうです。ところが、このベトナムの報告に強く反応した国があります。それは日本です。油症研究班（後述第7章）は油症患者に肝がんが異常に高いことを指摘してきました。そして、あろうことか日本人に突出して高い肝がん死をあたかもゴミ焼却から発生するダイオキシンが原因であるかのように、人口動態統計までも改竄した節があります。これについては第8章で取り上げます。

以上がダイオキシンの急性毒性と発がん性に対する国際的な見解ですが、わが国との情報の乖離はどのように理解したらよいのでしょうか。多くの死傷者がダイオキシンで発生したという世界にない情報は、90年代後半になって雨後の筍のようにダイオキシン恐怖本が出版されるようになってからです。20年も昔の亡霊を引き出して無垢な国民を震撼させたその意図はどこにあったのか。これからこの謎解きを行っていきます。

コラム

ダイオキシンの低い蓄積性

ここで、質量の単位について簡単に説明します。

1グラム（g）＝1000ミリグラム（mg）、1ミリグラム（mg）＝1000マイクログラム（μg）、1マイクログラム（μg）＝1000ナノグラム（ng）、1ナノグラム（ng）＝1000ピコグラム（pg）という関係になります。これを統一すると次のように表すことができます。

1グラム＝10^{3}ミリグラム＝10^{6}マイクログラム＝10^{9}ナノグラム＝10^{12}ピコグラムということになります。

逆にみると、1ミリグラム＝10^{-3}グラム、1マイクログラム＝10^{-6}グラム、1ナノグラム＝10^{-9}グラム、1ピコグラム＝10^{-12}グラムとなります。

すなわち千分の1きざみで単位が変わると考えると理解しやすい。

ミリ（m）とは千分の1（10^{-3}）、マイクロ（μ）とは100万分の1（10^{-6}）、ナノ（n）とは10億分の1（10^{-9}）、ピコ（p）とは1兆分の1（10^{-12}）を意味します。

私たちはダイオキシンを日常的に主に食物から摂っており、WHOの報告によると、摂取量は先進国の人々で体重1キログラム当たり1～3ピコグラムの範囲に入ると指摘されています。

ダイオキシンは極めて安定な物質で体内に長期間残留することが指摘されていますが、ただ一方的に蓄積されるのではなく、半減期というものがあって、1～6年もたつと、始めに摂ったダイオキシンの半分が次第に代謝されて身体から消えていきます。すなわち、長期的に見ると、毎日摂取しながらその一方で一部は代謝されて身体から消えていき、体内への摂取量と消失量の間にある平衡関係が成立します。なお、ダイオキシンは水には溶けず脂肪に溶けることから、体内濃度は脂肪1グラムに溶けている量で表されます。先進国のごく標準的なダイオキシンの体内濃度は、血液中の脂肪1グラム当たり10～30ピコグラムの範囲にあり、これを「バックグラウンド暴露量」と呼んでいます。たとえば、現在の日本人では年々この体内ダイオキシン濃度は低下しており、現在では15ピコグラム／グラム以下と思われますが、仮に15ピコグラムとして、体重50キログラム、脂肪蓄積濃度20％として体内蓄積ダイオキシン総量を求めると15万ピコグラム、これをグラムで表すと0・000000015グラムになります。顕微鏡でもこれをとらえることができないほどの極微量です。

私たち日本人は毎日、体重1キログラム当たり1・5〜2・0ピコグラムのダイオキシンを主に食物から摂取しています。それでは、仮に体重50キログラムの人がこの食事（2ピコグラム／キログラム）を10年間続けたとして、この間のダイオキシン摂取総量は36・5万ピコグラムとなり、それがそのまま蓄積されたとすると脂肪1グラム当たり36・5ピコグラム増えたことになります。そうすると、この体重50キログラムの人の体内ダイオキシン濃度は10年後には脂肪1グラム当たり15ピコグラムから51・5ピコグラム／グラムと3倍以上にも増加するかというとそのようなことにはなりません。相変わらず体内ダイオキシン濃度は15ピコグラムか、あるいはそれよりも低くなっているはずです。一方的に蓄積され続けるということはありません。滝澤氏はダイオキシンが猛毒でないという理由の一つにこの低い蓄積性をあげており、他の農薬類の蓄積率はダイオキシンよりも一桁も高いのです。[3]

第2章 ダイオキシン恐怖情報の始まり――ベトナム戦争

意外に少ないベトナム戦争時のダイオキシン散布量

ダイオキシンにまつわる事件は20世紀前半から世界各地の化学工業会社で散発的に起こっており、被害は有機塩素系物質に特徴的な一過性の皮膚炎をもたらす事故として扱われ、なんらニュース性のない出来事にすぎませんでした。これが、重大事件として騒ぎ立てられモンスターにまで成長した原点に何があったのでしょう。それは、１９５９年ごろから始まり73年に終息した後、世界中の人々がダイオキシンに対して特別な思いをいだき、あるいは過剰なまでの恐怖心を持つようになったベトナム戦争です。

この戦争で米軍が用いた非人道的な戦争兵器が二つあります。その一つは破壊的な殺傷力をもつ「ナパーム弾」であり、もう一つが、「枯れ葉剤」と呼ばれる化学兵器です。

米軍は、枯れ葉剤作戦によって、ベトコン（南ベトナム解放民族戦線）の軍事拠点と食糧資源を根絶やしにするために、62年から、10年もの間、耕地１３０万ヘクタール、森林２

50万ヘクタールに大量の枯れ葉剤を空から無差別に撒き続けました。同じ地域に複数回散布し、延べ面積は日本の国土の約50％、1、732万ヘクタールに及んだといいます。

この10年間に米軍がベトナムの密林に撒いた枯れ葉剤の総量は、綿貫礼子氏と河村宏氏の著した『ダイオキシン汚染のすべて』[17]によると、1、770万ガロン（約6、690万リットル）にも及んでいます。65年まで使われていた枯れ葉剤のオレンジ剤にはダイオキシンが32〜65ppm（ミリグラム／キログラム枯れ葉剤）も含まれていました。65年以降になると、ドイツの特許を米国の農薬会社が買い取り、ダイオキシンの副生の少ない枯れ葉剤が製造できるようになりましたが、それでもなお1・8ppmのダイオキシンを含んでいました。ダイオキシンを含んでいる枯れ葉剤は、いずれも2、4、5－Tを主成分として含むものです。植物の水分保持機能を阻害するカコデイル酸を主成分とするブルー剤や2、4、5－Tを含まないホワイト剤はダイオキシンを含んでいないと見られています。

枯れ葉剤の比重を1として、米軍の枯れ葉剤作戦によって10年間にベトナムに撒かれたダイオキシンの総量を推算すると、およそ130キログラムになります。これは、北イタリアの小さな町セベソの一画で農薬工場の爆発によって降り注いだダイオキシンの最大量とほぼ同じです。セベソのほんの一画に降り注いだダイオキシン量は、ベトナムの広大な大地に、しかも10年間かけて撒かれたのですから、意外に少ないと思われるかもしれません。（セベソの事故のことは10日間も住民には知らされず、この間多くの人々が高濃度のダイオキシンに暴露されました。この事故については、次章参照）

ベトナム戦争で使われた枯れ葉剤の実体は除草剤であり、これらは60年代にベトナム以上に先進各国で大量に使われ食糧増産に寄与したものと同じです。わが国もその例外ではなく、ベトナムに撒かれたよりもはるかに大量のダイオキシンに汚染されていた時代がありました。60年代にダイオキシンを含む2、4、5－TやPCPなどの除草剤が主に水田に大量に散布されました。40ppmのダイオキシンを含む2、4、5－Tが規制される71年までに5、600トン使われており、これだけで米軍がベトナムに散布したダイオキシン量を軽く超えてしまいます。また、PCPに到ってはダイオキシン濃度100ppm、散布量26万トンにも達すると推算されています[15]。これが事実だとすると途方もない量のダイオキシンが国内に散布されたことになります。この推測を裏付けるデータがあります。それは90年代初めに行われた日本とベトナムの共同研究で明らかにされました。日本の水田の土壌中のダイオキシン濃度は1グラム当たり27ピコグラムであるのに対して、ベトナムは最高値でもホーチミン地区の10ピコグラムであり、日本とベトナムでは3～10倍もの開きがあった[18]のです。ベトナムの値が低い理由として、亜熱帯地域特有のスコールによってダイオキシンが流出したという主張があります。ダイオキシンは表土の有機物に強く吸着する性質があり、ほとんど水には溶けないことから両国の濃度の違いは除草剤の散布量の差を示すものと推察されます。

日本人の体がダイオキシンに最も汚染されていた時代は、有機塩素系農薬の使用が禁じられる前の70年代初めであり、それ以降は体内ダイオキシン濃度は次第に減衰しており、現在では二分の一から三分の一程度まで低下しています。このことは、大阪府公衆衛生研究所に長期保管されていた母乳調査からも指摘されています。それでは70年代前半に死産や奇形児、アトピー性皮膚炎が多発し、人々の健康が損なわれたかというと、そのような現象はどこにも認められません。むしろこの時代に食糧の安定供給により日本人の健康状態は向上し、寿命も飛躍的に伸びたのです。

70年代にダイオキシンに高度に汚染されたのは日本人だけではありません。むしろ日本人よりも畜産食品を食べる機会の多いイギリスやオランダの人々の方が汚染は格段に進んでいたのです。しかしこれらの国で当時、人体に何らかの影響が出たという指摘はないようです。ベトナムに撒かれたダイオキシン量をいかに評価するかということです。ベトナムで本当に奇形児の増加があったのか、死産の増加の事実の真偽について、後で述べるように懐疑的な見方が強いのです。その理由の一つに、このダイオキシン汚染量の低さが指摘されます。

『奪われし未来』の著者が否定するダイオキシンの毒性

90年代に入って相次いで刊行され日本の反ダイオキシン運動家を活気づけたシーア・コルボーンらによる『奪われし未来』[19]やデボラ・キャドバリーの『メス化する自然』[20]にもベトナムの人々に対するダイオキシンの影響にはまったく触れていません。実はわが国で90年代にさかんに流布されたダイオキシン情報は、その数十年前のダイオキシンの実態が明らかでなかった時代の誤った風聞がそのまま蘇ってきたにすぎないのです。そのような風聞は今では科学的に否定されており、そのようなことを信じている専門家は世界にはほとんどいないでしょう。あれほど過激に環境汚染を告発するシーア・コルボーンですら『奪われし未来』の中で、「ダイオキシンほど膨大な研究費を投じて研究された毒物も珍しい。しかしこれまで言われてきた致死毒性や催奇形性、発がん性はすべて的外れであり、間違いだった」と告発しているのです。わが国ではベトナムの二重合体児のベトちゃん・ドクちゃんは枯れ葉剤によると信じ込んでいる人は多いようですが、そのような情報が専門家やジャーナリストを通じて流される国は日本だけでしょう。さまざまな条件下での動物実験でも二重合体児はおろか軽度の奇形も発生させることはできなかったのです。そして、かすかに認められた催奇形性が、ラットに発生させた口蓋裂でした。ヒトの場合、口蓋裂はしばしば口唇裂を伴い、遺伝要因に加えて、喫煙する母親から生まれる子どもに高率に発生することが明らかにされています。ダイオキシンの催奇形性とは、たばこの煙には遠く及ばないのです。

ベトナムの隣国のタイはシャム双生児で知られるように国民的に親しまれた二重合体児がいました。タイのある病院の付属博物館にはいくつもの二重合体児のホルマリン漬けの標本が陳列されています。タイは枯れ葉剤とは関係がありません。ベトナムで本当に二重合体児の発生率が高いのであれば、他に原因を求めなければなりません。

ダイオキシンは、残酷非情なベトナム戦争を象徴する悪魔的物質として人々の脳裏に深く刻み込まれました。しかし、何百万ものベトナム人民を殺したのはダイオキシンではなくナパーム弾に代表される殺りく兵器であり、緑豊かなベトナムの国土を草木一本育たない荒涼とした不毛の大地に変えたのはダイオキシンの仕業ではなく、枯れ葉剤そのものです。この米軍が行った10年にも及んだ非人道的な戦争手段は、世界的に大きな批判を呼び、これが反戦運動を盛り上げるきっかけを与え、ひいては戦争の終結を促進させる大きな要因になりました。また、ベトナム戦争を契機として、この戦争の終盤からの農薬使用に関する世界的な規制の動きは、環境保護運動を促進し、「第一次環境保護革命」をもたらしました。ダイオキシンは、ベトナム戦争の悲劇や環境保護運動の原点に位置づけられ、その秘められた毒性が、この戦争を通じて広く世界中の人々の脳裏に強く焼き付けられたといえます。

反戦のシンボルとしてのダイオキシンがもたらしたもの

枯れ葉剤を身体に直接浴びた人は、前線で闘っていた両軍の兵士だけでなく、ベトナムの一般住民も被害を受けています。ダイオキシンを直接浴びたベトナムの人々にいかなる被害が出たか、追跡調査がなされてきましたが、戦時中ということもあって当時、急性中毒によって亡くなった人がいるかどうかについての記録は定かではありません。82年に枯れ葉剤が撒布されたベトナムの三つの村の家族について疫学的調査が行われ、これらの地区の流産率が１１・５７～１６・０５％になっており、この値は撒布前の2倍に相当するという報告がありましたが、欧米の流産率15～20％と比べても高くはないと指摘されています[3]。

69年になって、米国の反戦科学者による調査団は南ベトナムを訪れた際に、非人道的な戦略によって、草木が根絶やしにされた荒涼とした無惨なベトナムの国土と、気の毒なベトナムの被災者を目の当たりにして大きな衝撃を受けたといいます。これを境に、反戦運動が世界的に加速化します。日本でも米軍の後方支援を行う国の姿勢に対して、国民の批判が高まり、規模の大きな反戦運動、日米安保反対運動が日常的に展開され、全国の大学という大学が学園紛争の渦に飲みこまれました。

ベトナムの人々を無差別に殺りくし、さらに緑豊かな自然をも永久的に破壊し汚染する元凶として、ダイオキシンは世界中の人々の脳裏に刻み込まれたといえます。世界の人々が、ダイオキシンに対して、過剰なまでの憎悪と恐怖心を植え付けられた原点がこのベトナム戦争にあります。

米国再建の足かせとなった帰還兵

ベトナム戦争で、最も頻繁に繰り返しダイオキシンに被曝した人は、他でもない枯れ葉剤作戦に直接係わった米空軍兵士でした。枯れ葉剤が人畜無害であると信じ込まされてきた兵士たちは、日常的にダイオキシンに汚染されていました。

ダイオキシンの問題がクローズアップされるのは戦後になってからです。4万人を超える帰還兵が、政府や農薬会社を相手どって、枯れ葉剤による健康被害を訴える規模の大きな訴訟を起こします。ダイオキシンによる健康被害は、帰還兵だけでなく、その妻や生まれた子どもたちの健康にも影響が出たとされています。

米国民の70％以上が、ベトナム戦争を正義の戦いではないと否定する状況下に帰還した米兵もまた、戦争の被害者でした。彼らを襲った癒すことのできない肉体的・精神的疲労感は、「ベトナム戦争後遺症」と呼ばれ、その後長く米国社会再建の足かせとなったのです。ベトナム帰還兵は精神的・肉体的疲労を癒すために、酒や麻薬に溺れ、その影響は伴侶である妻にも及んだことは容易に想像がつくことです。コカインと喫煙は自然流産の有意な危険因子です。ベトナム帰還兵の妻の自然流産の原因は、ほかにもある可能性があります。

ダイオキシン被害に関する裁判闘争を勝ち抜くために、原告・被告の双方が促進したものがダイオキシンの毒性の究明です。それは、疫学的調査だけでなく、生理学的にも、他のどのようなものよりも深く、微妙なところまでも調べ尽くされてきたと言えるほどのものと思われます。そしてダイオキシンの神秘のベールが次々と剥がされてきました。

ワシントンの復員軍人局がベトナム帰還兵とその他の帰還兵、一般市民の体組織ダイオキシン濃度を調べたところ、この３群でほとんど差がないことが確認されています。また、枯れ葉剤を撒布している地域で展開していた米兵と遠隔地で展開していた兵士についても、体組織のダイオキシン濃度が精査されましたが、前のグループがやや高いものの統計的に差はないという結果となりました。以上のことから、帰還兵が暴露したダイオキシン量はさほど多くはないという見解を表明しています。退役軍人のグループは政府に徹底した調査を求めましたが、症状は塩素ニキビと筋肉痛、神経症状、および胃腸症状という一時的なものにとどまっていたのです。ここで特筆すべきことは高濃度のダイオキシンを含むオレンジ剤を扱った従軍兵士から死者が1人も出なかったことであり、またダイオキシンが軟組織の肉腫を発生する、あるいは先天異常を引き起こしたということも未だ実証されていません。91年の『米国公衆衛生雑誌』に先の調査データを踏まえて「ダイオキシン暴露と疾患についての詐欺的な因果関係を根拠に訴訟を行うのは誤りであろう」という衝撃的な記事が出たといいます。(3) 米国の専門家の間では80年代には「ヒトはダイオキシンに対して強い耐性があるようだ。動物試験の値をそのまま人間に当てはめることには注意した方が良い」という意見が多く出るようになってきたといわれています。(8)

第3章 イタリア・セベソに発生した毒雲

原爆のヒロシマ・化学のセベソ

ベトナム戦争は73年に終息しましたが、米軍が行ってきた非人道的な作戦がベトナムの人々の身体や国土に及ぼした深い爪痕の大きさが、次第に明らかにされ、それらがダイオキシンに象徴されました。とりわけ戦後、幾年を経ても、なお重度の奇形児となって生まれる子どもが頻発するという報道は、世界の人々の心を痛め、ダイオキシンの恐怖を増幅させます。

このような社会風潮の時代に、悲惨な事故がイタリア・ミラノ市近郊にある小さな町セベソで発生しました。76年7月10日、枯れ葉剤に使われていた除草剤2、4、5－Tの原料となるＴＣＰ（トリクロロフェノール）製造工場で反応塔の温度制御を誤り、高温高圧となって反応塔の安全弁が破損し、ダイオキシンを高濃度に含むＴＣＰが安全弁を突き破って噴出する事故が発生しました。このときの噴出物の量は５００キログラムと推定され、噴出した粉が幅700メートル、長さ2キロメートルの大きさの雲となって2、000人の居住区域を覆いました。

この農薬会社は、ベトナム戦争時代に枯れ葉剤の原料を米国に供給していたといいます。事故に至った経緯について、会社側の説明を白鳥潤一郎氏が『ダイオキシン汚染のすべて』[17]で紹介しています。それによると、テトラクロロベンゼンと水酸化ナトリウムを150℃近辺で5時間反応させてTCPを合成した段階で、加熱をやめて熱源を切ったにもかかわらず、反応塔はその後も温度を上げ続け、このような惨事に至ったといいます。

ダイオキシンの合成は、TCPを高温下におくと促進されます。たとえば、5グラムのTCPを300℃で12時間おくと、1・5グラム、30%の収率でダイオキシンが生成すると推定されています。反応塔の温度記録計の測定限界が200℃、この温度を超えた時点で針は振り切れていました。濃縮されたTCPを約6時間もの間、高温状態においたことによって、ダイオキシン合成反応の暴走が起こりました。

この反応塔の温度制御のミスにより、推定で最大130キログラム、ベトナム戦争で10年間にばら撒かれた量に匹敵するダイオキシンが発生し、これが極めて限られた狭い区域に集中的に降り注ぎました。

この降り注ぐ白い粉の危険性については、10日もの間住民には一切知らされなかったため、「子どもたちはおもしろがって白粉の霧の中で遊んだりした。」[21]とその時の状況が紹介されています。事故から10日も過ぎてから、農薬工場の事故によってダイオキシンという猛毒による深刻な汚染が進行していることが住民に知らされます。

この事故の内容は、日本でも発生から２週間後に大きく報道されます。「有毒ガスの雲漂う―工場爆発住民避難騒ぎ―」という見出しの下に、「ベトナム戦争で使われた枯れ葉剤と同じようなガスが発生、付近の住民約１、５００人が避難せざるを得ない状態に追い込まれている。」と報じています。

この事件は、当時、フランスの保健相がセベソを「リトル・ヒロシマ」と呼ぶほどに、陸続きのヨーロッパ諸国では深刻な問題ととらえています。軍を動員して、約２、０００人が強制疎開を余儀なくされ、高濃度に汚染された地域には鉄条網を張って立ち入りを禁じます。また、５千頭を超える家畜が薬殺され、高汚染地区の土壌を高温で処理してダイオキシンを焼却して無毒化する作業が始まったこと、またそれを行う作業員が怖がって現場を放棄したことなど、生々しい様子が当時の日本の新聞にも次々と報じられました。

ダイオキシンに対する恐怖がもたらした惨劇

大量虐殺を行った残虐なベトナム戦争を象徴する用語が、「枯れ葉剤作戦」＝「ダイオキシン」であり、「ダイオキシン」＝「最強の毒物・奇形児」ということが世界中の人々の脳裏に強く焼き付いていた時代でのことです。セベソの住民がパニック状態になったことは容易に想像できます。

ダイオキシンの深刻な汚染を知った住民の頭を最初によぎったものは、「死」への恐怖でした。ところが、推定130キログラム、90年代に日本のマスコミが主張していた「致死量」に換算すると、22億人を死に至らしめるほどのダイオキシンが極めて狭い地域に降り注いだにもかかわらず、セベソでは1人の死者も出ていません。

死をまぬがれた住民が、次に恐れたのが、奇形児の出産でした。イタリアはカトリック系住民が多く、中絶を禁じる国法を採用している国柄です。人工中絶をきつく戒める宗派と、個人の選択の問題とする考えの集団が、中絶の是非を巡って絶えず政治的に争ってきた国です。激しい論争の末に、影響の大きな妊娠3か月までの高汚染地区に住む妊婦に限って中絶を認めるため、国法の一部改定が行われます。

3人の妊婦が、8月13日、ミラノで最初の妊娠中絶を受けたことが日本でも報じられています。世界中が、この地区の住民の一挙手一投足を注視していました。

妊娠3か月未満で該当する妊婦の数は、100人とも300人とも言われていました。公的に報告された中絶の数は40ケース、ヤミの中絶数も含めるとその倍ともいわれていますが、ミラノの病院が中絶手術を求める妊婦であふれ、断られる人も続出していると当時の新聞は報じています。中絶をとがめる国風を嫌って、スイスやイギリスなど中絶を容認する外国に出かけて手術を受ける妊婦も続出し、また、ヤミの中絶手術も横行し、それにより亡くなった女性のことが大きなニュースになっています。

全体で、どれほどの幼い命が中絶によって失われたか定かではありませんが、「事故発生前の76年２月〜４月に８３８あった出産数が１年後の同時期には２３５に減少した。[22]」といいます。これが事実であれば、中絶手術による幼い犠牲者の数がいかに多いものであったかをこの数字は示唆しています。

中絶によって命を奪われた胎児には、奇形の増加やその他異常な徴候を見つけることはできなかったと報告されています。また、事故の後に生まれた新生児にも異常を認めることはできず、健康であるという公的な発表もありました。

しかし、セベソの住民はいよいよ混乱を極め、農薬工場の管理責任者が、テロリストに殺害される事件も発生します。[22] 長びく強制疎開にしびれを切らす人々も出てきます。「高汚染地区が危険ではないことを、証明するためにそこに住む。」という声明を発表する十数名の医師団も現れます。

このような医師の行動は多分に政治的意図が背景にあるという指摘がありますが、明らかに生命に危険が及ぶと分かっているところに自ら進んで出かけるようなことは誰もしないでしょう。なぜなら、本当に生命に係わるならば、かえって、意図した政治的効果とは逆の結果をもたらすからです。

セベソの事故後、しばらくは目に見えて障がい者が増えたという確かな記録は見つかりません。事故後6か月たった、翌年2月に、小学校の嘱託医が25名の小学生が塩素ニキビにかかっていることを報告したことが注目されています。しかし、彼らはいずれも工場の風上の非汚染地区に住み、しかも事故が起こった時期は夏休みで避暑地に出かけて、事故には遭遇していないのです。この疑問点について、「彼らが立入禁止地域に出かけていた。」あるいは「非汚染地域までダイオキシン禍が忍び寄っている。」ということで説明されていますが、ダイオキシン中毒の診断があいまいなことも考慮する必要があります。たとえば、日本で起こったダイオキシンが原因の油症事件では1万4千人が症状を訴えましたが、認定された患者は1、800人程度であり、大部分は他の要因であったのです。この事件では早くに原因がカネミ倉庫の米ぬか油であったことが特定されたために、比較的患者の認定が容易であったのです。しかし、仮にセベソのような環境汚染によるものであったとしたら、この1万4千人が中毒患者と診断される可能性が高いことになります。高汚染地区にあえて住むという医師団の発言は、住民の身体に現れる健康被害の程度が、ダイオキシンのイメージとはほど遠いものであることを直感的に感じとった結果の現れともいえそうです。

ローマカトリック教会は、セベソの人工中絶を「偏見・予断の雲」と強く批判したのに対し、中絶促進派はこの機に乗じて中絶法案を下院に通過させるなど、イタリアの中絶論議はこの国全体を巻き込んで翌年まで続きます。

このようにダイオキシンをめぐる問題は、ベトナム戦争がそうであったように常に政治的な思惑が介入した情報が流され、一般の人々には真実が容易につかめないものになり、それが混乱に拍車をかけました。

しかし、そのような中にあって、ダイオキシンの人体への影響を冷静に解明しようとした科学者がいました。イタリア・ミラノ大のモカレッツ教授は、ダイオキシンのさまざまな種類や測定法、毒性、確実な治療法など未解明の部分が多い時代にできることは、できる限り数多くの試料を後世に残すことだとして、３万件もの被害者の血液サンプルを採取して凍結保存することから始めました。この貴重な血液サンプルから、当時の被害者が暴露したダイオキシン濃度がいかにすさまじいものであったかが明らかにされました。血液中の脂肪１グラムに溶け込んでいるダイオキシン量が５万６千ピコグラムにも達する患者もいることが明らかになっています。98年に大阪府の能勢町で老朽化した焼却炉の従業員の体内ダイオキシン濃度が血液中の脂肪1グラム当たり800ピコグラムになったと騒動の要因になりました。このときモカレッツ教授はセベソでは数万ピコグラムのダイオキシンに暴露した人がいるが犠牲者は1人も出ていないからと、日本人に冷静になれといったといいます[23]。

わが国でも歴史に残るダイオキシン関連の事件が発生しています。それはカネミ油症事件です。本来ならば第1部の歴史編で取り上げるべき話題ですが、この事件はその後わが国に起こった一連のダイオキシン騒動と深く関わっていることから第3部で取り上げることにします。

コラム

日本人研究者による重大な発見

体を汚染しているダイオキシンの原因について、日本人研究者が重要な二つの発見をしています。その一つは、大阪府の公衆衛生研究所が行った70年代から90年代までの凍結保存されていた母乳中のダイオキシン濃度についての分析報告[24]です（図3・1参照）。これは各年代の複数の検体を混合して平均化させた試料をそれぞれ分析したもので信頼性の高いものと考えられます。これによると74年の33ピコグラム／グラムをピークに確実にダイオキシン濃度は低下し、96年には17ピコグラムまで減少しています。この濃度は欧州のおよそ半分に相当します。「わが国では80年代のバブル期を境に大量のプラスチックゴミの燃焼により発生するダイオキシンで日本人の母乳は世界一汚染されている、まもなくこの国は奇形児大国になる。」ということが盛んに叫ばれましたが、この時代にも体内ダイオキシン濃度は確実に低下していたのです。

また、当時も、今現在も私たちはダイオキシンを日常的に摂取していますが、体内のダイオキシン濃度は増加するどころか、逆に減り続けているのです。すなわち、ダイオキシンは一方的に蓄積され続けるのではないことを示しているのです。ですから、長年に及んでお母さんが体内に蓄積したダイオキシンで赤ちゃんが苦しんでいるという表現は正しいとはいえません。

わが国では、体を汚染させている元凶はごみ焼却により発生するダイオキシンだということが定説化していました。しかし、これがいかに根拠のないものであったかがよく分かります。ゴミ焼却量が最大になったバブル期においても体内ダイオキシン濃度は増えるどころか、逆に低下を続けたのです。また、焼却炉対策が本格化したのは97年の新ガイドライン以降であり、産廃ゴミへのダイオキシン法の適用は2000年以降です。日本人の体内ダイオキシン濃度の低下と焼却炉対策はほとんど何の関係もないことが分かります。

WHOは先進諸国の人体汚染濃度が80年以降確実に低下していることを認めており、その原因を焼却炉対策に求めていますが、これは誤りです。WHOの各検討部会の報告書には大阪府のこの貴重な研究データにまったく触れていません。これは、極めて不可解なことです。なぜならこの部会は玉石混交の資料を取り上げて報告書の中に展開しているからです。当然この大阪府のデータも取り上げられるべきであり、70年代初めに人体汚染濃度がピークになり、その後減少するこ

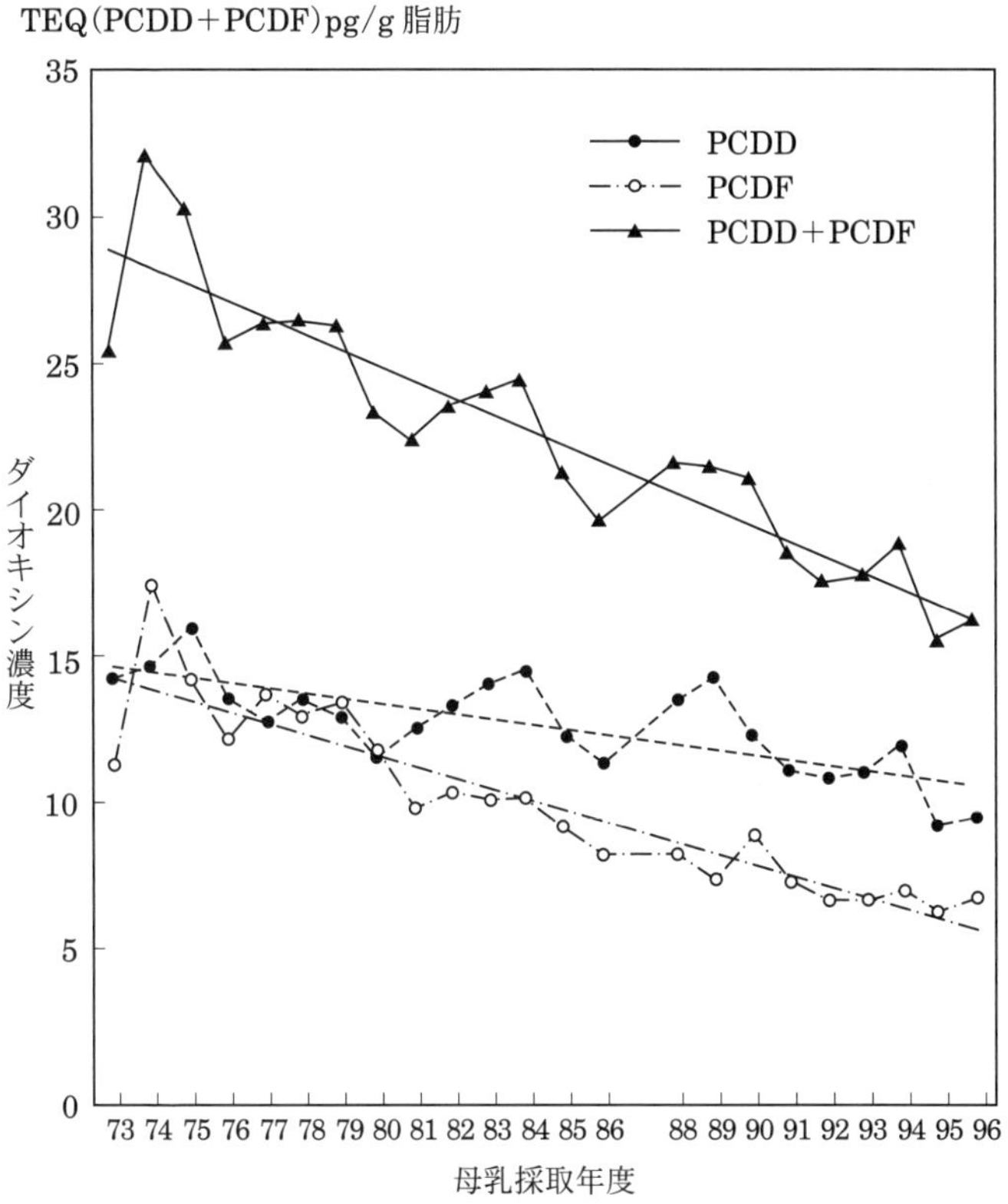

図３・１　母乳中のダイオキシン濃度の推移（大阪府）
（低減化傾向を続ける日本人の母乳中のダイオキシン濃度）

とが示されたはずです。そうするとダイオキシンの発生源を焼却炉にのみ特化した報告が否定されなければならないのです。この大阪府の分析データはそれほどに重要な意味を含んでいるのです。

人体を汚染させてきた犯人を捜しだすのに貢献したのが、二つ目の発見です。横浜国大の益永茂樹・中西準子グループによる98年から00年にかけて行った島根県の宍道湖と東京湾の堆積物中のダイオキシン調査[25]です。ダイオキシンには数多くの異性体があり、それぞれ起源によってその分布パターンがあり、指紋に相当する特徴があるといいます。焼却起源や農薬類によっても特徴的なパターンに分かれます。宍道湖の堆積物の分析によると、ダイオキシンの7〜8割は焼却起源以外だといいます。この結果は重大なことを示しています。というのは、日本人の体を汚染しているダイオキシンの60％は魚介類由来であり、高温連続焼却炉に大金を注ぎ込んで排出量を0・1ピコグラムからゼロにしても体内ダイオキシン濃度にはほとんど何の効果ももたらさないからです（『科学新聞』99年9月24日）。

中西氏は、朝日新聞の論壇に投稿して、何の人体被害も出ておらず、しかも人体の汚染濃度は焼却炉対策とは何の関係もなく減り続けていることから拙速的な焼却炉対策に警告を発しましたが、事態は一気にダイオキシン法の制定に向かいました。ダイオキシンを分析してお金を稼ぐ人は多いのですが、ダイオキシンを研究している人は今では世界にごく僅かしかいません。ダイオキシン国際会議の参加者は日本人ばかりが大半を占めるようになり、やがてダイオキシンを冠する国際会議も消滅しました。ＷＨＯは世界中の人々に誤解を植え付けたまま、ダイオキシンから手を引いてしまうのでしょうか。

第 2 部

シナリオライター編

第4章 好都合な毒物ダイオキシン

人々の恐怖心が飯の種になる

　ダイオキシンは、未だかつて1人の命も奪っていませんが、多くの人の飯の種になっているという現実があります。ダイオキシンの恐怖がさまざまなビジネスチャンスをもたらしてきました。ダイオキシンを飯の種にしてきた個人や団体など数え上げれば枚挙にいとまがありません。環境ジャーナリスト、出版界、新聞、テレビ、環境NPO、政治家、官僚、省庁、環境学者、弁護士、分析メーカー、ハイテク焼却炉メーカーなど、程度の差はあってもダイオキシンを飯の種にしてきた人は数限りなく存在します。例をあげると、米国のベトナム戦争帰還兵による枯れ葉剤のダイオキシン暴露被害を理由とした健康被害補償を求める訴訟もその一例かもしれません。ベトナム戦争で米国が敗北した要因には、①予算オーバー、②国民の厭戦気分の蔓延、③兵士の志気の低下による軍隊の内部崩壊、が指摘されています。10年間続いたベトナム戦争も中盤以降になると兵士の志気は乱れ、2

人に１人はマリファナ、４人に１人はヘロインの常習者となり、10人に２人は重症の中毒患者であったという指摘があります。不名誉な帰還兵の烙印を押された彼らの多くは職もなく、唯一の望みが枯れ葉剤被ばくを理由にした訴訟であった者も少なくないはずです。これを境に反戦運動の中にダイオキシンが組み込まれました。

一部の反戦運動家が、ダイオキシンの危険性を戦争反対の理由に利用し、その毒性や被害を大衆にアピールしてきました。

米国の戦争責任を厳しく糾弾する反戦運動家のノーム・チョムスキーも反戦運動の材料にダイオキシンを盛んに活用しています。彼は、62年にケネディ大統領が発がん性の強いダイオキシンを枯れ葉剤として空中から南ベトナムの領土に大量に撒布したと記述しています。彼はここでダイオキシン＝枯葉剤というイメージを人々に植え付けました。しかし、正確に言えば枯れ葉剤の主体は農薬の除草剤であり、ダイオキシンは副生成物として枯れ葉剤に０・００６〜０・０００１５％含まれていたに過ぎないのです。森や作物を枯らしたのはダイオキシンではなく、除草剤です。さらに、彼はダイオキシンががんの発生や脳や腕のない子どもたちを出現させ、化学兵器だけで50〜１００万人のベトナム人が亡くなったと推測されていると述べています。[14] しかし、このような事実はどこにもありません。

彼は、米軍の枯れ葉剤使用とイラン・イラク戦争時のイラクのフセインによる毒ガスサリンの使用を容認した米国の姿勢をだぶらせることで米軍の戦争犯罪の告発にダイオキシンを利用しています。

しかし、ダイオキシンと、８、０００人ものクルド人の命を瞬時に奪い数万人の重症患者を出した毒ガスサリンとでは毒性の強さに天と地ほどの違いがあります。すでに述べたようにダイオキシンによる急性中毒で亡くなったという人は世界中で１人も確認されていません。そもそも毒ガス兵器のサリンと枯れ葉剤では使用目的からして根本的に異なるのです。チョムスキーの著述は今日の国際紛争の本質を読み解く資料になるだけに、ベトナムのダイオキシン被害に関する誇大妄想的な発言は彼の評価を下げることになり惜しまれます。

ベトナム戦争の帰還兵を主人公にしたシルヴェスター・スタローン主演の映画「ランボー」は、この帰還兵が戦友を訪ねて全米各地を訪れたが全員がんで死んでいたというくだりから始まります。恐怖のダイオキシンはこのようにして映画界でも活用されて人々を確実に洗脳してきたことが分かります。わが国でもチョムスキーの本を読んで触発された人は少なくないと思われますが、彼もまたダイオキシンを反戦思想とリンクさせることにより、支持者を増やしてきたといえます。しかし、ダイオキシンとリンクさせた反戦思想は、不当なビジネスを画策する巨悪に利用されてきた可能性が高いのです。

お金のなる木に群がる環境学者

米国の環境保護庁（ＥＰＡ）のある幹部は、「2万5千人の職員とその家族を養うのにダイオキシンほど好都合な物質はない。」と語ったといいます。多くの国民に植え付けられた恐怖心が膨大な研究費の投入を容認する社会ができているのです。ダイオキシンほど莫大な研究費を投入して調べ尽くされた毒物はありませんが、その全貌は70年代にほぼ解明されたといわれています。そしてその成果が80年にＥＰＡにより『ダイオキシンレポート』として報告されました。これが邦訳されたのが90年になってからで『ダイオキシン入門』[16]として刊行されました。これを読むと一般の方はダイオキシンの怖いイメージだけを植え付けられて途中で読むのを断念されるかもしれません。このレポートには玉石混淆、ありとあらゆる報告が網羅されていますから、一般の人には理解しにくい内容になっています。私のようなひねくれた目で眺めると、何とか毒性を証明しようとしている研究者の思いが伝わってきます。ダイオキシンの毒性で強調されてきたものに発がん性があります。ダイオキシンの発がん性については第1章で説明した通りです。がん遺伝子を誘発する能力のないダイオキシンの発がん性を証明するために涙ぐましい努力を払って、なんとか確認できた証拠をもって強力な発がん性とアピールするこのレポートは滑稽でもあります。

これは科学的真実の公開という公益性と組織の維持というEPAのジレンマを表しているように私には感じられます。

国連のWHOの各種機関についても同じような現象が認められます。WHOの見解を金科玉条のように考えがちですが、各国の相対立する思惑の中から捻出された妥協の産物でもあります。これについて後で具体的に分析します。

大学のテキストとして全米で最も広く使われているとされる『地球環境と人間』[10]に「ダイオキシンの毒性が従来考えられていたものよりも弱いことから専門家の中には規制値を緩めるべきではないかという声があるが、国民がそれを容認している以上その規制を緩和することはできないだろう。」と書いています。一旦植え付けられたトラウマは容易には払拭できないことを示していますが、同時にこれがダイオキシンで飯を食っている人々にとっては好都合になっているのです。規制が厳しければ厳しいほど、必要性とは何ら関係なくても関係組織には多額の国費が流入することになるからです。

わが国でもダイオキシンを飯の種にしてきた人は膨大な数になります。環境庁が環境省に格上げされ、多額の国家予算が投入されるようになったのもダイオキシンのお陰です。そのため、庁から省に格上げするために厚生省（当時）と功を争うかのようにダイオキシンの厳しい規制値を提案してきました。一方で、ダイオキシン法ができて庁から省に格上げされた後に、旧国立環境研究所の研究員が日本人の化学物質による損失余命リストを発表しています。それによると、最も損失余命が大きいのが喫煙で平均４千日、喫煙者は平均で11年も寿命が短縮されるとしています。それに対して日常暴露しているダイオキシンに依る損失余命はわずか１日に過ぎません。ダイオキシンの毒性はタバコや酒、肉の食べ過ぎなどの影響にはほど遠くほとんど無害ということです。ほとんど何の影響もないダイオキシンの規制に、地方自治体の財政が破たんするほどの国費を投入していることになります。このような不合理なことを正統づけているのが、国民の不安を煽ってつくられたダイオキシン法です。この法律のお陰で、ある一部の方々には黙っていても莫大なお金が流入するシステムができ上がりましたから、彼らはこの既得権を未来永劫手放すことはありません。この法律が存続する絶対条件が、恐怖のダイオキシン情報を断続的に発信して国民のトラウマを継続させることにあるといっても誤りではないでしょう。

枯れ葉剤がゴミ焼却問題にシフトした謎

ダイオキシン問題は、農薬工場の事故により従業員に一過性の皮膚炎をもたらす労災事故の一種に過ぎませんでした。これが世界的な大問題に拡大した背景には、これまでに述べた反戦運動とリンクした枯れ葉剤がありました。一部の野心を持った人々が善意の人々を巻き込み、反戦・平和運動を利用しながら、科学的事実を逸脱した神話をつくり出し人々を洗脳してきました。そして、いつの間にか恐怖の枯れ葉剤を凌駕したゴミ焼却が巨大な悪魔にシフトしてきます。なぜ、このようなことになるのか、この謎解きを行います。

ダイオキシンによる環境汚染には三つの経路があります。その一つは有史以前から起っていた燃焼により発生するダイオキシンです。二つ目が有機塩素系農薬製造時に副生するダイオキシンです。三つ目がPCBを加熱したときに合成されるダイオキシンです。これらの中でDDTはレイチェル・カーソンの『沈黙の春』[26]による告発を契機に65年には製造が禁じられ、また他の有機塩素系農薬も60年代末から70年代初めにかけて製造や使用が禁じられ、PCBも75年には使用ができなくなりました。問題はこれらの使用ができなくなった農薬やPCBの処理でした。その内の多くは焼却処理されましたが、ミズリー州ではダイオキシンが混入した廃油を道路のほこりよけのために撒布して数多くの競走馬を死なせたとして騒ぎが起こりました。また、ニューヨーク州のラブ・カナルの跡地に廃油を入れた大量のドラム缶を埋設し、これが地下水の上昇によりしみ出して環境汚染を起こす事件も発生しました。また、各地の農薬会社が周辺の河川の魚を汚染させたとする告発が起こり、これらの化学会社はその対応に苦慮します。

最大手のダウケミカル社の研究者は環境を汚染しているのは、家庭の暖炉やタバコ、レストランの炭火焼、ジーゼルやガソリン車、山火事によると反論します。この巨大農薬会社の研究員がダイオキシンを最初に合成した人は誰かという問いかけに、「プロメテウスが神から火を盗んで以来」と答えたという逸話は、自分たちだけが悪者ではないという責任回避でもあります。

わが国でも水俣病やイタイイタイ病の公害事件で同様な手口が使われました。魚を食べる日本人の体内水銀濃度はもともと欧米人よりも2倍も高い、三井鉱山の製錬所の上流域の土壌中のカドミウム濃度は高いなどの論法による責任転嫁がそれですが、米国は民間の企業が単独に行ったが、日本のそれは産官学をあげて行ったところに悪質なものがありました。

ここではっきりさせておかなければならないことは、ダウケミカル社の見解にはごまかしがあるという点です。環境を汚染させている主体は60年代に盛んに使われた有機塩素系農薬に由来するからです。この最も重大な事実を隠蔽している理由は、その責任が農薬会社に降りかかってくることを回避したことに外なりません。ヨーロッパ諸国も60年代に盛んに使った塩素系農薬からは目を反らしてゴミ焼却に特化したダイオキシン対策に取り組むことになります。日本では83年に都市ごみ焼却灰からのダイオキシン検出が一大スクープとして報じられ、ダイオキシンをターゲットにしたビジネス戦略が幕を開けます。

第5章 ダイオキシン法

ダイオキシン法は良法か悪法か

ダイオキシン法の正式名は、ダイオキシン類対策特別措置法で、99年7月に制定され翌年1月から施行されましたが、ここでは簡略名を用います。ダイオキシン法が2000年に施行されてから17年が過ぎました。この法律が悪法であるか否かは、この17年を振り返って良かった点と悪かった点を比較すれば容易に評価できます。

ダイオキシン法は人への健康危機を建前にできた法律ですが、これによって人々の健康が向上したという事実は何もありません。後の章で解説しますが、言われてきたようなダイオキシンによる健康被害は何も起こっていないので、それは今後も変わりません。それではダイオキシン法がなかったらどうでしょうか。私たちの体を汚染しているダイオキシンの大半は半世紀も前に盛んに使われた塩素系農薬に混入していた不純物であり、大量のごみを学校や事業所などで中小の焼却炉を使って燃やしていたバブル期においても体内のダイオキシン濃度は確実に低下を続けていました。ダイオキシン法とは何ら関係なく、今も体内のダイオキシン量は減少しているのです。

それでは環境への影響はどうでしょうか。廃棄物の不法投棄や違法な野焼きなどは業界優先の行政がもたらしてきたもので、国や地方自治体が市民の側に立って毅然とした監視体制をとっていれば済む問題です。ダイオキシン法とは何の関係もないのです。むしろダイオキシン法が自然循環の流れを阻んで環境悪化をもたらしている可能性があります。それではこの法律によってこの国が少しでも経済的に潤うことがあったでしょうか。この法律によって大手焼却炉メーカーやダイオキシン測定業者、さらには関連法人への関連省庁からの天下りなどといった悪をつくり出したともいえます。そもそもこのダイオキシン法を画策したのはこれら利権に群がった人々です。お金が無尽蔵に湧き出すことはなく、誰かが不当に儲ければ誰かが損をする。農林産廃棄物などは発生現場で焼却処理するのが最も合理的で理にかなっています。ものが燃えるときには必ず空気中の窒素も酸化されて窒素酸化物が発生します。この物質は植物の成長を左右する最も重要な必須成分であり、これがなければ森や草原もできず、私たち動物も存在しません。夏野菜の収穫を終え秋野菜の種を蒔く準備のために、方々の畑からスイカやなすびなどの茎を燃やしてたなびく煙の風景は、昔から行ってきた理にかなった自然循環の一コマでした。これを一切禁じて遠方から輸入した石油を使って高額な焼却炉で燃やすことの不合理、不経済はいうまでもありません。

私の郷里は人口が3万人ほどの高齢化が進む山陰の片隅にある過疎の市です。国の指導により50億円の予算で焼却炉をつくりましたが、赤字により路線バスもなく市民は買物や病院に行くのにも事欠いています。このような村にゴミ回収車だけは走り回るという異常な現象が日本中で起こっているのです。高温で燃やす焼却炉は損傷が激しく、維持管理コストが高い上に耐用年数も短く、すぐに新しいものに更新しなければなりません。市町村の焼却炉には国からの補助金の三分の一が充てられてきましたが、国は空前絶後の赤字大国です。地方債も含めると国債赤字、国の借金はすでに1千兆円を超えデフォルト（債務返済不履行）のカウントダウンに入っています。わが国をこのような破綻寸前にまで追い込んだものは無責任な政治を頂点とする護送船団方式にあることに間違いありませんが、個々の項目を眺めるとダイオキシン法も重大な加害者リストの一つにあげることができます。

■東日本大震災の長引くガレキ処理もダイオキシン法が原因

宮城県では東日本大震災によって発生したガレキの処理に3年以上もの年月を要しまし

たが、その原因はダイオキシン法にあります。災害によって発生するガレキは産業廃棄物処理法によって処理されますが、この法律にダイオキシン法が適用されたことにより、がれき処理が長く停滞するとともに莫大な経費を費やすことになったのです。災害によって発生するガレキはたとえ被災者本人のものであっても勝手に処分できません。被災直後の厳しい寒さの中でも暖をとるためにガレキを燃やすことも基本的には許されなかったといいます。

高温連続焼却炉が推奨された理由は、ダイオキシンはゴミの燃焼開始時と終了時に大量に発生するというふれ込みから始まっています。そのためか断続的にゴミを燃やしているようです。するとゴミが足らないのです。それではなぜ地方自治体の焼却炉でガレキを処理しないのかというと、これは産廃業者のテリトリーになっているからです。業者の選定や焼却炉建設の入札など法的手続きや焼却炉の建設に手間どったのです。ガレキを集めて仮置き場にうずたかく積み上げ、またこれを取り崩して焼却炉まで運び込むなど二重の手間と経費が掛かりました。仮設置き場のガレキが自然発火を起こし、火災が起きたことが何度か報じられましたが、私はいっそのことならすべて燃やしてしまえばよいと考えていました。それによって何の健康被害も、これ以上の環境破壊も起こらないからです。残った不燃物を再利用できるものは回収して後は合理的に処分すればよいのです。ガレキの処理は地元に委ね、国は補助金だけを提供すればよかった。そうすれば経費は今の数十分の一で済み、今回よりもはるかに早く片付き、しかも被災地も活気づいたでしょう。

しかし、被災者を食い物にするかのようなダイオキシン法はそれをさせなかった。宮城県だけで30基以上もの日量２００～３００トンの処理能力のある大型の高温連続焼却炉をつくり、石油を使って24時間フル操業で数年間燃やし続けたのです。一時期地方にある焼却炉でガレキ処理を委託することが行われたことがあります。トラックにガレキを積み九州の福岡まで、高速道路を使い２日がかりで運び込み、そこでガレキを選り分けて焼却しました。トン当たりどれほどのコストがかかるか想像はつきます。ガレキは関係業者にとってはダイヤモンド級の財産なのです。関西でガレキの受け入れに反対する市民運動が起こり、これを暴力団が妨害するという事件が報じられました。これは推測にすぎませんが、ガレキの処理の地方委託は地方の産廃業者へのおすそ分けかもしれません。ダイオキシン法により高額な焼却炉を義務付けられた産廃業者は、その償却と維持管理に青息吐息です。災害でも起これば、待ってましたとばかりに営業マンを現地に派遣してガレキの受け入れ交渉に入ると聞きます。

■衰退する産業

茨城県のある農家の方から、ダイオキシン法の制定に伴って農産廃棄物の処理に困り果てているという手紙をいただいたことがあります。それによると、トマトなどを収穫した後の茎などを以前は燃やしていたが、これが規制されたために裁断機で細かく刻んで畑に巻き込むかあるいは産廃業者に委ねなければならなくなったということです。また裁断機も安くはなく、騒音が凄まじいといいます。これでは農業は続けていくことができないと、怒りをあらわにされていました。また、中小型の焼却炉メーカーの方からも会社を閉鎖せざるを得なくなったという手紙をいただきました。

また、長野県の中小企業の経営者の方からは、大金をはたいて当時の環境基準に合致した小型焼却炉を一般住宅から数キロメートルも離れた山あいに設置したが、いざ使用開始にあたり猛烈な反対運動が起こり、使用中止を余儀なくされたといいます。そして、何度か市や県の関係者の立会いの下に運転して排ガスの検査を行ったが、結果はいずれも当時の基準をクリアしていました。それにも拘わらず市民運動による抗議に押された市は、操業許可を認めませんでした。この経営者は一、二審と名古屋地裁に提訴しましたが、いずれも敗訴しました。納得のいかない彼は最高裁に上告しましたが、却下されてしまいました。

最高裁への上告では、私に支援を求められ意見書を提出しましたが、残念な結果になりました。その後、私は、伊那市の問題の焼却炉を1人で訪れました。途中で焼却炉建設反対の小さな看板が数か所にあり、これが道しるべになって比較的スムーズに探し当てることができました。焼却炉は数回試験運転した以外、2年間放置されていたにしては光輝き単なる燃焼炉ではなく複雑な機能を備えた高度な炉であり、2回の試験運転をクリアしたことを納得させるものでした。これも中小の焼却炉を全廃させて高額な大型焼却炉に切り替える企てに利用された市民運動がもたらした悲劇です。県や市の要請を受けてボイラーをさらに1基増設し、さらにダイオキシン排出量も当時の基準を大幅にクリアしていたにも拘わらず、反ダイオキシン運動をしている市民団体に押されて操業許可を出さない行政や、一般市民と変わらない裁判官の情動的な判決、当時の異常さを浮き彫りにする出来事でした。

これを血液循環の流れにたとえると、肺で酸素を受け取り動脈で体の隅々に送ってそれを消費し、そこで生じた廃棄物を静脈により運び出す、この静脈の流れが閉塞状態になり体全体が酸欠状態に陥っている状態です。それは、安価で壊れやすい商品を購入して、それを廃棄するときに多額の経費を掛けることと同じです。今やダイオキシン法は日本経済全体の足かせになっているのです。

ダイオキシン法の実態

ダイオキシン法がいかなる理由で法制化され、その実態がどのようなものであるかを比較的分かりやすく紹介した本に『知っておきたいダイオキシン法[27]』があります。この本はダイオキシン法をこれまでになかった画期的な法律と絶賛していますが、この本を深く読み解くとこの法律が科学的根拠もなく半ば強引につくられたものであることが分かります。

■ダイオキシン騒動を理由にした法制化

序文には、この法制化の背景には埼玉県所沢市などで勃発したダイオキシン騒動があり国民の不安が極度に高まっていることを紹介しています。そして、活発な市民運動による国会議員への働きかけがあり、参議院を舞台に99年3月から6月までの超党派議員による検討を経て参議院議員の国土環境委員長により法案が国会に提出されたもので、これまでになかった市民参加型の画期的な議員立法と讃えています。

しかし、ここで確認しておかなければならないことがいくつかあります。それは所沢を始めとする各地でダイオキシン騒動が勃発するほどの国民不安の高まりがなければこの法案成立はなかったという点です。なお、各地で勃発した騒動そのものは反ダイオキシンを掲げる市民運動団体であり、その背後にダイオキシン学者がいたことも認識しておかなければなりません。この解説書は、市民運動団体が国会議員に働きかけてつくられた法律ということを明確に記述しています。さらに、この法案が国会議員が週に1回程度集まって議論し、わずか3か月余りで拙速に法案が提出されたという点です。

■時代錯誤の毒性を理由にした法制化

法案制定に至る背景として、ダイオキシンに強い急性毒性と発がん性などの慢性毒性があるなど極めて危険な物質と記述しています。また、通常の汚染レベルで健康には影響がないとしながらも焼却炉から排出されるダイオキシンが主たる発生源であるとしています。しかし、第1部で解説したように史上最悪の猛毒で最強の発がん物質というふれ込みは明らかに誤りであり、また、私たちの体を汚染している主体は焼却炉由来ではなく、60年代に使われた有機塩素系農薬由来です。この本はダイオキシン法が誤った非科学的な風聞を基盤にして制定されたことをあからさまに示しているのです。

■半永久的に見直しが必要でない議員立法

次にこの法律を議員立法による特別措置法にした理由について分析します。これは最も重要な部分です。特別措置法と聞くと災害など緊急避難的な処置であり、期間も限定されたものと考えると思います。ところが、緊急にこの法律をつくらなければならないようなことは何一つ起こっていないのです。『知っておきたいダイオキシン法』では、ダイオキシンには強力な毒性があり、人体への影響の可能性があるものの、通常濃度では人体への影響はなく、予防的観点から立法化したと緊急性を否定しています。

それではなぜ特別措置法にしたのか。その理由として、科学的根拠に基づいた環境基本法に照らして法規制するには合理的な科学的根拠が必要であり、規制を受ける側にはそれが過重にならない合理的な最低限度にしなければならないと明記しています。さらに、環境基本法で規制すると、絶えず最新の科学的知見に合わせて見直さなければならないと説明しています。これを分かりやすく言うと、科学的根拠があいまいなので環境基本法では規制できないと意味不明な理由でこの法律による規制を避けているととらえることができます。さらに、環境基本法では絶えず新しい知見で見直さなければならないとも書いていますから、半永久的に見直しが必要のない特別措置法にしたと述べているのです。すなわち仮に環境基本法で規制するとあの高額な焼却炉や小型の焼却炉を全廃させて遠方の山間僻地からゴミをかき集めるという超過重な規制ができなくなると解釈できます。しかも、この都合のよい国費垂れ流しシステムを半永久的に続けさせるために見直しが必要でない議員立法による法制化にしたと説明しているとも解釈できます。

さらにこの本では、政治的背景がこの立法に関与していることを示唆しています。参議院では自民党と当時の自由党とを合わせても過半数に達しない状況下での安定な国会運営への枠組み構築があったと政治的背景があったことまで明記しています。この枠組み構築とは保守の自民党と当時野党であった公明党との連合を指しています。当時、反ダイオキシンを掲げてどこよりも精力的に活動をしていた政党は公明党でした。公明党がダイオキシン法を手土産にしたか、あるいは引き換えにしたかは分かりませんが、いずれにしてもこの立法化を挟んで連合劇が演じられたことは確かなようです。[27] 以来今日まで続いている政権与党はこのダイオキシン法を契機に発足したともいえるのです。それにしても同じように反ダイオキシンを掲げて取り組んだ他の野党は見事に出し抜かれたことになります。

当時、地方議員から国会議員まで選挙公約には必ずといえるほどダイオキシン対策を掲げていました。04年6月に超党派議員連盟による「ダイオキシン環境ホルモン対策議員連盟」から要請されて『終焉』の共著者の渡辺氏と衆議院会館で講演したことがあります。我々の講演内容に対して質問はおろか、反論さえせず、ダイオキシン法の見直しの問いかけにも議員の方々は口を噤いだままでした。これは私の推測ですが、まんまと乗せられたという忸怩たる思いが少なからず彼らにあったのではないでしょうか。

行政では家庭ゴミの焼却は厚生省の所管ですが、環境庁もダイオキシン法の制定に深く関与してきました。環境庁はダイオキシン法を手土産に庁を省に格上げしたといわれています。いずれにしても環境を御旗に掲げた政治家や行政がダイオキシン法の立法に関わったことがうかがわれます。

■既存の中小焼却炉全廃を意図した法制

それでは肝心のダイオキシン法の内容を検証します。大気汚染防止法や水質汚濁防止法では通常施設の規模に応じてすそ切り（ある基準以下の小規模のものを対象から除外すること）による下限の適用外が行われますが、ダイオキシン排出は規模に関わらず数千倍もの違いがあることから、小規模のものも規制の対象とする旨が記述されています。これは要するに小型焼却炉を全廃するということであり、家庭ゴミの自家焼却や焚火、農家による野焼きの全廃運動はこのための伏線であったととらえることができます。うがった見方をすると、資本力のある企業体以外は全廃させるということであり、ものを燃やす権利を国民から奪うとともに巨大メーカーによるゴミ焼却の寡占化を意味しているのです。この法制はこれまで市民運動組織が訴えてきた家庭ゴミ焼却炉の全廃、学校や商店などの中小の焼却炉の全廃に向けた運動方針に見事に合致したものであり、この運動が何を意図して行われてきたかその背景を考えていただきたいものです。

■ダイオキシン測定は蚊帳の外

ダイオキシン法を読み解くと、この法律はダイオキシンを隠れ蓑にした高額なハイテク焼却炉の導入に特化したものであることが分かります。同法によると焼却炉から排出するダイオキシン検査は年に1回、事業主が都合の良いときに行い、2回測定して低い方を報告すればよいことになっています。そして万一、基準をクリアしなかった場合は都合の良いときに再度測定して低い方を届ければよいとしています。しかも新設の炉に至っては1年間の検査猶予としています。ところが、改修命令など設備に関する届け出や履行に反した場合には厳しい罰則規定があります。これを読んで気がつくことは、指定の設備にさえすればダイオキシン測定はする必要がない、ということです。東京都にある300基以上の焼却炉の中で、最も高額なハイテク連続高温焼却炉から最も高濃度のダイオキシンが検出されたということが、マスコミで取り上げられたことがあります。ダイオキシンの排出量測定に対するこの緩やかな姿勢は、焼却炉から排出するダイオキシンが何ら問題にはならないことを承知している証でもあるとともに、厳密に測定すると超ハイテク連続高温焼却炉も都合が悪いと受け取らざるを得ません。

ダイオキシン法が悪法といわれる所以は、ダイオキシンを隠れ蓑にゴミ焼却の日量1トン当たり1億円ともいう高額な大型高温連続焼却炉を義務づけ、そのために広域ごみ処理政策をもたらしたことにあります。高温連続焼却炉は建造費が破格であるばかりでなく、維持コストも高く、耐用年数も20年以内と短く、半永久的にメーカーに血税が注ぎ込まれるシステムになっているのです。そしてこの法律が何よりも悪質なところは、技術革新の道を閉ざしているところにあります。理にかなったダイオキシン排出規制値を基に新たな焼却炉の開発を行えば、はるかに安価で、耐用年数が長く、また維持コストも安価な小型焼却炉はできるのです。この法律はただ燃やすだけで何の価値ももたらさないゴミ焼却に膨大な税金を投入して日本経済の破たんを加速させているとも言えるのです。

第6章　ダイオキシン法へのシナリオ

壮大な仕掛けの黒幕

ダイオキシン法は、99年2月のテレビ朝日のダイオキシン特集番組で国民不安が高まったことを受けて、三省庁（厚生省（当時）・農水省・環境庁（当時））や各政党が混乱の中で拙速的につくり出した法律と考えている人は少なくないと思われますが、事実はそれとはかなり異なります。わが国で起こったダイオキシンにまつわる出来事は、83年の四国の都市ごみ焼却灰からのダイオキシン検出報道に始まり、99年7月のダイオキシン法制定で一応の終息をみましたが、実に16年を要しました。ダイオキシン法の制定に至るまでの出来事を時系列的に眺めると、この法律が練りに練ってつくり出された国家的一大プロジェクトとでもいうべきものであったことが分かります。この間の出来事を検証すると、あたかもシナリオがあったかのように寸分の狂いもなく、見事に目標地点に到達したかのようです。反ダイオキシン運動の世論を喚起するための情報操作や中小の焼却炉全廃に向けた市民運動の活用、地方自治体を対象としたガイドラインの作成とそれに合わせた各種大型焼却炉の開発、そして産廃ゴミをもターゲットにしたダイオキシン法制定に向けた世論づくりのためのプロパガンダなど、あたかもシナリオがあったかのようです。特に反戦運動と環境保護・反ダイオキシンの市民運動とリンクしたことにより、意識の高い議員の方々の共感を得たようです。

国が行った全国調査や人口動態統計の改竄、さらにはWHOのIARC（国際がん研究機関）やリスク評価部会にまでも、ロビー活動を行ったと思わせるほど、その運動はこれらの委員会の見解と見事に連動しています。国中を騒動の渦に巻き込んでいったのですから複数の人物が企画に関与したことは間違いありませんが、最初にレールを敷いた人物が誰か気になります。わが国で起こったダイオキシンに関連する出来事の一連の流れを描いた人物がいたとしたら、TR氏以上に相応しい人物はいないように思われます。TR氏は83年の四国の都市ごみ焼却灰からのダイオキシン検出を一大スクープに仕立てて厚生省の専門家会議を発足させ、自らも同会議の委員に名を連ねてわが国のダイオキシン対策の権威者になります。さらにダイオキシン法の制定に向けて学者や市民運動の先頭に立って世論づくりを行います。市民運動では自ら「止めよう！ダイオキシン環境ホルモン国民会議」（以降「国民会議」とする）の代表となり、99年2月にダイオキシン法案を国会に提出します。わが国のダイオキシン対策の開始からダイオキシン法制定に到るまで一貫して主導的に関わってきました。それだけにいかなる理念で反ダイオキシン闘争をリードしてきたか興味深いものがあります。ＴＲ氏は国民会議発足にあたり「化学汚染と人類の未来」と題して基調講演を行い、ダイオキシン対策における基本姿勢を示しています。この内容は『提言　ダイオキシン緊急対策』[28]にまとめられています。この講演は98年9月の国民会議発足時の大会で行われたようですから、過去の活動経緯をも踏まえてのものと考えられます。講演内容についてあえて気になる部分をいくつか抜き出すことにします。

「化学技術と安全性問題」と題する項目の中で、ＤＤＴを例にして「安全性・毒性は社会的概念」、すなわち化合物の毒性はその社会の評価によって変わると主張しています。そして毒性を評価するにあたり、球、三角錐、円柱の三つの図を示して上から見たらいずれも円と判断し、これを横から見たら円、三角形、長方形に見えます。上から見たら一つであり、別の角度から見たら三つに見えますが、これはすべて正しいのです、間違いとはいえないと解説しています。確かにそういう面もあるかもしれません。しかし、この言葉は、国民を震撼させてきたダイオキシン情報の非科学性に免罪符を与えるものではありません。後の章で解説しますが、情報発信に関与してきたダイオキシン学者が、本当に真摯に科学的に事実を検証し客観的に伝えてきたのか、それが誤りであった場合に真摯に訂正したのかは、厳しく問われるべきでしょう。

「化学物質の毒性を科学する」の項目をあげて、毒性の中味そのものが状況や時代と共に変わり得るといいます。そして、「毒性の問題は犬の遠吠えみたいなものだ」とよく主張してきたと述べています。さらに、１頭の犬が吠えただけでは泥棒がいるとは考えません。しかし、あちこちで犬が吠えるとどうも泥棒がいるらしいと気づきます。そういった形である種の状況証拠を積み重ねる中で一歩一歩詰めていくのが毒性の問題だといってもよいと説明しています。これを読んだとき、全国各地で勃発したダイオキシン騒動と犬の遠吠えがどうしても頭の中で結びついてしまいます。

「知る権利と学ぶ義務」の項目の中で、「市民が学ぶことが力になるということを知り始めました。それも知による連帯です。確かに個人の学習や学びは重要ですが、１人だけではなかなか問題は解決できません。それがある種の知による連帯によって集団化し、一つの運動なり政策がつくられていく、その中でこそ世の中も変わっていく、これはすごいことだし、場合によっては恐ろしいことかもしれません」と記述しています。まさにダイオキシン騒動ではその通りのことが起こりました。環境ＮＧＯが小型焼却炉全廃に向けて国や県を動かす連帯運動を展開して全国の学校や病院、工場の焼却炉を一掃させました。しかし、ＴＲ氏はこの頃になって講演で地方自治体が建造している大型焼却炉は高額であり、本当はその半額程度で作れると述べています。また、小型焼却炉でも丹念に燃やせばダイオキシンはほとんど発生しない、技術力の高い日本の企業は安全な小型焼却炉をつくることは簡単だとも発言しています。それでは全国の小型焼却炉を全廃させたあの広域ごみ焼却政策を導いたダイオキシン法はいったい何だったのかということになります。

「食品の人への影響」の中で、「母乳を飲ませる以外方法がないだろうとおもっています。どういうメリットがあるか未だによく分かりませんが、哺乳動物である以上飲ませるしかないだろうと。母乳よりも胎児期の影響が心配です。」と記述しています。この国民会議はダイオキシン学者のＭＨ氏（摂南大学教授）やＮＪ氏（九州大学医療短期大学部助教授）らが発起人になり、１５８人の女性弁護士の呼びかけにより発足したといいます。環境問題のパイオニア、環境運動のカリスマ的存在である同氏のこの発言はこれらの女性弁護士の方々にどのように伝わったのでしょうか。

ＷＨＯの健康リスク評価委員会は、98年12月末に母乳中にはダイオキシンが含まれているがその濃度は確実に減少しており、母乳哺育はそれによるリスクをはるかに凌駕するメリットを乳児にもたらすことから引き続き母乳哺育を推奨するとしています。

ダイオキシン法制定までの主な出来事

83年の都市ごみ焼却灰のダイオキシン検出報道から99年のダイオキシン法制定に至る主な出来事を系統別に分類すると、ダイオキシン学者、行政、政治家、市民運動、焼却炉メーカー、マスコミ、さらには国連のＷＨＯまでも巻き込んで連動的に展開した一大国家プロジェクトとでも表現できる規模で進められてきたことが浮かんできます。この背景には造船王国を誇っていた業界が長年培ってきた高度な技術を根こそぎ隣国に盗まれて地に落ち、東西冷戦構造の崩壊と経済のグローバル化、さらにバブル崩壊という逃げ道のない大不況があったことと無関係ではありません。90年代に入って焼却炉に特化した動きが一斉に加速化しました。それは八方塞がりの出口のない大不況に突入した日本がエコビジネスに幻想を抱き、活路を求めた時期でもあります。しかし、焼却炉に特化したダイオキシン対策は省エネに逆行する、ごく一部の関係者だけが不当な暴利を得るシステムであることは先に述べた通りです。

■すべてはここから始まった

わが国のダイオキシン元年は、83年11月のＴＲ氏らによる都市ごみ焼却灰からのダイオキシン検出に関する朝日新聞報道です。この記事は単なる取材記事ではないところに特徴があります。予め厚生省（当時）のコメントを取り付け、翌月には専門家会議を開催するという実に周到に準備された上でのスクープでした。この当時、厚生省は緊急に対応しなければならない血友病患者のエイズ薬害問題を抱えていましたが、これの対応の遅れがその後、数百名もの犠牲者を出しました。これに対してダイオキシン対策の取り組みは異例の速さと言わねばなりません。このスクープは、TR氏が朝日の地方記者に連絡をとり、この記者から連絡を受けた厚生省の記者クラブ詰の朝日の記者が厚生省との橋渡しを行います。厚生省はTR氏を始めとする学者や焼却炉メーカーなどと打ち合わせて専門家会議発足に向けた準備をほぼ終えた段階でプレス報道になりました。よほど事前の根回しがなければ、わずか20日の間に専門家会議の発足から開催まで行うことは不可能でしょう。これを契機にTR氏主導の学者、朝日主導のマスコミ、厚生省主導の行政、そして焼却炉メーカー主導の産業界による護送船団が焼却炉に特化したダイオキシン対策に本格的に動き出しました。この一連の流れについてはダイオキシン情報におけるマスメディアの社会的影響の視点から小室広佐子氏が『東京大学社会情報研究紀要』[29]に報告しています。

ところで83年のごみ焼却灰からのダイオキシン検出報道はスクープ記事でも何でもなかったのです。既に説明したように70年代に入るとダイオキシンは、ものが燃えるところでは必ずといえるほど微量発生する有史以前から普遍的に存在する自然物でもあることが分かってきました。当然ゴミ焼却によっても発生することが分かっており、77年には都市ごみ焼却灰から確認されていました。京都の都市ごみ焼却灰からも79年にカナダのアイスマンがダイオキシンを検出しており、ＴＲ氏らによるダイオキシン検出はそれよりも４年も後のことです。化学的に新知見でもないことをことさら重大事件であるかのように報道した背景には当然なにか意図があってのことと言わざるを得ません。

ダイオキシン対策は焼却炉の開発とダイオキシ汚染の健康被害への実態調査の二つの方向で進められます。焼却炉の開発はＨＭ氏がメーカーを動員して進め、実態調査と住民への啓発活動はＴＲ氏のグループが市民運動を巻き込んで展開します。86年に福岡でダイオキシン国際会議が開催された他は、80年代は大きな動きはありません。この国際会議の主催者代表はＨＭ氏が務め、この会議で日本人の母乳汚染が突出しているということが話題にされました。

■さらなるターゲットにされた地方自治体

静かにダイオキシン対策が水面下で進められました。ここでは各メーカーが欧米で開発された焼却炉を手本にそれぞれ独自性を競います。ＨＭ氏が編集した『廃棄物処理とダイオキシン対策㉚』には90年の地方自治体に公布したダイオキシン対策ガイドラインから、96年の新ガイドラインまでの経緯他が概説されていますが、後段は各メーカーがしのぎを削って開発した焼却炉のオンパレードになっています。

地方自治体には専門的知識がないとして厚生省の外郭団体の指導を受けることが命じられ、これを各メーカーが下請けする構造になっています。ところが各メーカーが提案した炉は試行段階のものも少なくありません。生ゴミを固形化して火力発電用の燃料にする固形化燃料方式は一見合理的だとして飛びついた自治体もかなりありましたが、できた固形化燃料は火力が乏しく、火力発電所も相手にしない代物も少なくなかったようです。自治体の中には騙されたとしてメーカーを告訴するところも現れました。買い手のない固形化燃料はうず高く積み上げられ、間もなくゴミに含まれている油脂の酸化熱で自然発火する事故が相次いで発生しました。固形燃料の自然発火による火災で愛知県では消火にあたった消防士が2名犠牲になっています。ダイオキシンでは1人の健康被害も出ていませんが、ダイオキシン対策が犠牲者を出したのです。

それでは、ダイオキシン対策による焼却炉建設でどのようなことが行われたでしょうか。朝日新聞の「聞蔵《きくぞう》」でダイオキシン、焼却炉、談合の三つをキーワードに関連記事を検索すると１９８０年から２０１６年までで２８０件以上ヒットしました。複数回同じ事件が取り上げられているものも含まれますからこのヒット数が談合事件数を表しているのではありませんが、記事は数十件を一括して報じているものもあり、談合事件は全国各地で起こっていることが分かります。これらの事件は市民オンブズマンの懸命な調査によって明らかにされたもので、氷山の一角にすぎない可能性があります。07年に公正取引委員会が大手焼却炉メーカー5社に対して２７０億円の課徴金納付を命令しています。大手5社が落札した焼却炉35基の内32基に談合が行われていたというものです。これまでの最高額は06年の44社によるもので課徴金は１２９億円が最高だったといわれています。この業界はガイドラインやダイオキシン法が施行されるはるか前の80年から談合を繰り返していますから、談合体質が業界全体にあまねく浸透していることが分かります。日本のメーカーが海外で焼却炉を落札する価格は国内の二分の一から三分の一程度です。談合とダイオキシン法は関係がないという主張がありますが、談合事件のほとんどが厚生省がらみという指摘があります。ダイオキシン法は明らかに業界のための法律であり、それだけに法制化に向けて業界をあげた工作が行われたことは容易に想像がつくところです。

■不必要なハイテク高温連続焼却炉

ごみ焼却に絡んだダイオキシン騒動は日本だけでなく、日本よりも早い時期にオランダやフランス、ドイツで発生しています。この時期は『奪われし未来』[19]が出版された頃です。この本の序文の執筆を当時米国副大統領のゴアが自ら申し出たこともあり、一連の騒動の陰に米国の存在を指摘する人もいます。いずれにしても、ダイオキシン騒動が発生した国では焼却炉対策を余儀なくされたようです。

ダイオキシン騒動が沈静化してから数年が過ぎた96年11月に、埼玉県所沢市の当時市会議員であった深川隆氏はドイツのボン市の清掃局を視察しています。彼によると、ゴミ焼却施設を視察した際に日本の高温連続焼却炉の話をしたところボン市の関係者は大層驚いたといいます。清掃局長は「そのような無駄なお金はかけなくても、バグフィルターによる処理でダイオキシン対策は十分だ」といったといいます。ダイオキシン騒動が勃発した当時は、東西ドイツの合併で、とても高額な焼却炉建設に大金を注ぎ込む財政的余裕はなく、また、これからもつくるつもりはない。ダイオキシン対策は３６０万円でバグフィルターを取り付けるだけでクリアーできるとも述べたといいます。深川氏は、さらにいくつかの焼却施設を視察したところ、どこも「ダイオキシン騒ぎは過ぎたことだ。」と告げられたといいます。

ダイオキシンは燃焼時よりも焼却灰を高温（３００℃）に長く放置する電気集塵機の中で発生することが分かっています。わが国で高濃度にダイオキシンを排出していた炉はこのタイプとされています。ＴＲ氏が小型の焼却炉でも丹念に燃やせばダイオキシンは発生しないと述べていたこととも符合します。東京都の焼却炉について、電気集塵機とバグフィルターの場合のダイオキシン排ガス濃度の調査があります。それによると電気集塵機を付けた焼却炉のダイオキシン排ガス濃度は世田谷４・４ナノグラム／立方メートル、江東４・３、足立７・６、大田６・６、多摩川６・５０、葛飾４・２、杉並２・２、練馬２・７、それに対してバグフィルターでは有明０・１２、江戸川０・０７８、千歳０・０１７（『清掃のあらまし』[31]）となっており、電気集塵機とバグフィルターを使うほうが排ガス濃度が低くなります。現在、高温連続焼却炉も最終工程ではバグフィルターと活性炭処理に委ねています。要するに、高温連続焼却は必要がなく、お金の無駄遣いということになりそうです。

ハイテク焼却炉にした理由は何か。ハイテク高温連続焼却炉は耐用年数が20年以下と短い上に年間維持コストが大型炉では14億円ともいわれています。これにはゴミ回収経費などは含まれていません。たかだかゴミを燃やすのにハイテク装備を付けるのは何のためでしょうか。それは焼却炉全体をブラックボックス化することにつながります。

米国から購入するハイテク戦闘機はブラックボックスの内容を見ることはおろか、手を触れることも許されません。この戦闘機の保守管理に多額の経費を半永久的に米国に支払い続けなければなりません。これが軍産複合体国家の米国の戦略です。ハイテク焼却炉もこれと同じです。メーカーの関係者以外には機密性の保持と複雑性から自治体の職員には手出しさせないためと受け取ることができます。そのため、維持管理はメーカーが主導権を握り、経費はすべてメーカーに吸い取られるシステムになっています。

例えば水戸市は焼却炉建設費約460億円、年間維持経費10億円（推定）を20年間契約しました。水戸市がこれからの20年間にこのメーカーに支払う総額は660億円、これに金利を加えると水戸市がこの焼却炉に注ぎ込む血税はさらに大きなものになります。ただ燃やすだけのなんの利益ももたらさないゴミ処理にこれほどの経費を投入することの異常さ、生産から消費、さらに廃棄という経済循環の流れが廃棄段階で滞ることに気づかねばなりません。わが国が今なおデフレ基調から脱出できない主要な要因の1つにダイオキシン法があると言えるのです。

■焼却灰溶融炉の顛末

新ガイドラインでは2000年以降ダイオキシン排出量を限りなくゼロに近づけるとして焼却灰溶融炉の設置を地方自治体に義務付けました。これは焼却灰に残存しているダイオキシンを1、200℃で加熱して分解し、さらに焼却灰そのものを一旦溶解させた後ガラス状に固形化して道路の補修材料などに活用するというもののようです。環境省も補助金を出してこれを推進しました。このほど、14年に全国調査を行ったところ、ひどい実情が明らかになりました。実に調査した炉の半分は事故や維持コストが掛かりすぎて廃炉にしている実態が明らかになりました。しかも、稼働期間は平均２年程度とのことですから開いた口が塞がりません。

■蚊帳の外におかれたダイオキシン測定

厚生省はダイオキシン分析データの信頼性の確保を名目に、ダイオキシン測定業者の指名制度を設け、これ以外の機関からの測定データは無効とすることを決めます。これらの分析メーカーによる分析料は一検体50～60万円、国際価格の数倍、やがてこれらのメーカーが談合を繰り返していることが分かり、公正取引委員会が独禁法違反で11法人に排除勧告を行い、また、同法人を含む17法人に同法違反容疑で勧告しました（『朝日新聞』99年４月28日）。厚生省も指定業者制度を廃止することにしました。その後ダイオキシン騒動はいよいよ佳境に入り、膨大な件数の試料が米国やカナダで分析されたようですが、これもまた国費の垂れ流しになりました。

次なる標的への仕掛け

地方自治体を標的とした仕掛けは新旧ガイドラインの通達でほぼ完成しました。次なる標的は一般家庭ゴミの10倍ともいわれる産業廃棄物です。地方自治体は通達で縛れますが、民間は規制するだけの科学的根拠がなければできません。そのために立法化に向けた新たなシナリオが描かれます。第5章で説明しましたが、現行の環境汚染濃度で何の実害も発生していないダイオキシンを環境基本法で規制するには無理があり、また仮に環境基本法で縛るとすぐに焼却炉設備に特化した規制の矛盾が明らかになります。半永久的に見直しの必要がないメーカーに都合の良い法律にするためには、世論を盛り上げて国会議員に働きかけて議員立法による特別措置法にする以外には方法がなかったのです。そのため世論誘導のためのさまざまなプロパガンダが展開されました。ある学者は専門誌『周産期医学』「特集　環境汚染と周産期[32]」に原爆とダイオキシンの催奇形性を比較し、ダイオキシンの催奇形性は原爆被害者よりも悲惨であるかのように実証もされていない二重合体児や無脳症児などおどろおどろしい障害例を列記し、そのレポートの末尾に「国民への恐怖の方が問題の解決に役立つ場合がある」と結んでいます。事態はこの通りのことが全国的に起こりました。それは最も弱い胎児や乳幼児を人質にとった卑劣ともとれる手法で行われました。それが科学的に真実であれば何の問題もありませんが、私は国民を震撼させた情報のことごとくが捏造とも思える情報操作であったと考えています。これらについては後の章で解説します。それでなくても育児に不安を抱えている両親を不安の渦中に追い込んだのです。このプロパガンダを率先したのが専門家であり、それを素直に信じた市民運動が機動部隊として活発な活動を展開した点でも特徴的なものがありました。わが国のダイオキシン問題をリードしてきたのはＴＲ氏です。繰り返しになりますが、ＴＲ氏は著書の中で「方々で犬の遠吠えが必要」あるいは「そしてこの渦を大きな国民運動にまで発展させる。」という旨の記述をしています。事態はその通りに展開したように思われます。

83年の都市ごみ焼却灰からのダイオキシン検出、90年の旧ガイドラインの公布の理由づけになった土佐清水市のゴミ焼却炉からのダイオキシン検出報道もＴＲ氏のグループによるものです。その後のＮＨＫダイオキシン特集シリーズも愛媛大研究室発です。93年にはＭＨ氏が日本人の母乳に含まれるダイオキシン量は世界一高いと報告し、これを起点として一連の母乳汚染恐怖が全国を震撼させることになります。これと連動するかのように全国アトピー実態調査が行われ、奇妙な調査データの加工が後に先天性アトピー説をもたらす元凶となりました。

95年にはゴミ焼却により発生するダイオキシンが、あたかも肝がん死亡率を急増させるかのような人口動態統計の改竄が行われます。97年にはNHKが科学番組で環境ホルモンというマスコミ用語をつくり、学術用語審議会からクレームが出されたにもかかわらずこれが国中に浸透していきます。96年までに学者、行政、マスコミ、さらに市民運動の連合艦隊の下準備はほぼ完備されました。これから99年2月のテレビ朝日によるダイオキシン特集番組まで各地で犬の遠吠えならぬダイオキシン騒動が勃発します。その代表的なものは、所沢周辺の乳児死亡率が異常に高い、あるいは家庭自家焼却により大量の新生児死亡がある、ダイオキシンの胎内暴露で先天性のアトピー児が全国的に誕生している、茨城県龍ケ崎市の城取焼却炉周辺の住民の血中ダイオキシン濃度が異常に高くがん死が突出している、などです。これらはいずれも事実ではないにもかかわらず、これらがあたかも現実に起こっているかのように学者や市民運動団体、そしてマスコミによって喧伝されたため極端なダイオキシン恐怖の国民世論が形成されました。そして最後の仕上げがテレビ朝日の所沢産野菜のダイオキシン汚染報道です。この報道に合わせるかのようにTR氏が代表を務める国民会議、さらに各野党がほぼ一斉にダイオキシン対策の特別措置法案を国会に提出しました。この手際の良さはテレビ朝日の特集番組の内容から放映の日時までが事前に知らされていたことを示唆するものです。そして参議院議員によるわずか週1回3か月の会議で特措法案が提出され7月には法案が成立しました。

マスコミの役回り

マスコミのダイオキシン法の立法への寄与率は、ダイオキシン学者もさることながら極めて高いものがあります。その中でも83年の関西焼却炉からのダイオキシン検出報道から所沢産野菜報道まで一貫して朝日系列のメディアが主導的位置を維持してきたといえます。そしてＮＨＫが国の新ガイドラインなどの公布に先立って関連報道を行い、行政に免罪符を与える役回りを演じた観があります。ダイオキシン報道には朝日とＮＨＫがしのぎを削り、他社がこれに追従した側面が見受けられます。

83年の朝日新聞の一大スクープは、学者のＴＲ氏と行政を結び付けその後の一連の流れの道筋を引いたともとれます。その後のダイオキシンに関わる問題のことごとくを朝日新聞が主導的に報じてきました。同系列のテレビ朝日も特集番組を組んで世論づくりを果たしてきたといえます。それは、明らかに市民運動と連動したものであり、埼玉県のあるＮＧＯは埼玉県庁記者クラブで調査データを公表し、マスコミを活用することの有効性を誇らしげに語っています。新聞報道だけでなくテレビ朝日でも早くから企画を組みテレビ番組ザ・スクープで「サリンを越える猛毒ダイオキシン」95年10月、「発生ダイオキシン汚染都市（Ｔ市）」96年10月などの他、同局のニュースステーションでは「小型焼却炉と新生児死亡率」98年3月、「所沢汚染地獄」98年5月などと長期シリーズの形で99年2月の所沢野菜汚染報道へと続きました。所沢野菜報道でニュースキャスターの久米宏氏は所沢市長と農水大臣の答弁を揶揄するように正義のこぶしを振りかざしましたが、これらの番組もアンフェアなものであったことを第10章で解説します。

第 3 部

演 出 編

第7章 すべてはここから始まった
——油症研究学者の功罪

史上最大のダイオキシン禍は日本で発生した

ダイオキシンの人体暴露で史上最大といえる事件がわが国で発生しました。68年に北九州地方を中心にニキビ様の吹き出物や目やになどの増加などの症状を訴える患者が大規模に発生した「カネミ油症事件」がそれです。この事件は世界的に知られ、わが国で発生した「水俣病水銀中毒事件」とならぶ大きな食品公害事件に発展しました。

■悪用された油症研究

中毒の原因物質は当初、米ぬか油の精製工程で熱媒体として使われていたＰＣＢによるとみなされていました。その後ＰＣＢにしては毒性が強すぎることが疑問視されていましたが、70年になって別の研究でオランダの研究者がＰＣＢの毒性の本体はそれに微量混入しているジベンゾフラン（ＰＣＤＦ）であることを認めます。このＰＣＤＦはダイオキシン類の一種で、その中でも最強の毒性を持つ2、3、7、8－TCDDについで二番目に強い毒性がありました。PCDFの毒性が最初に報告されたのは57年のドイツの研究者によるとされていますから、よほど早くからその存在は知られていたことになります。油症中毒の主な原因物質もPCDFであることが、76年になって九州大学教授の倉恒匡徳氏らによって確認されます。油症事件は発生当初から多角的な研究班を編成して精力的に調べられ、1か月後には2月5、6日に出荷されたカネミ倉庫のサラダ油が原因であることが突き止められます。事件発生当初は1万4千人ほどが医療機関に症状を訴えて殺到したようですが、原因食品が判明したことから比較的スムーズに1、800人ほどが患者と認定されます。認定患者の主な症状は油症研究班の報告によると、女子でみると目やに83%、ニキビ用の皮膚炎82%、つめの黒変75%、上まぶたの腫れ74%、皮膚の色素沈着72%、一過性の気力減退55%、手のひらの発汗過多55%、脱力感52%、かゆみ52%、手足のむくみ41%となっています。また、皮膚の黒い赤ん坊が生まれましたが、2か月後には色素沈着は消失したと報告されています。

この日本で発生した油症患者のダイオキシン暴露量は後に人類史上最大のものであったことが明らかになります。これらの患者の症状は農薬工場の事故で暴露した従業員やベトナム戦争で枯葉剤撒布に従事した米軍帰還兵、さらには農薬工場の爆発事故で暴露したセベソの住民の症状に共通していました。その多くが一過性のもので、史上最大という油症事件でも急性中毒による犠牲者はいませんでした。それにしても、事件発生当初に中毒の原因がダイオキシンであることが分からなかったことは不幸中の幸いでした。事件発生当初からダイオキシンであることが分かっていたら、セベソで起こったように、ダイオキシンの恐怖に怯えた人々による悲劇（不要な中絶）が発生したであろうことは想像に難くありません。（第3章参照）

■わが国のダイオキシン恐怖情報の原点

ダイオキシンにまつわる事件や事故ほど曲解されて、一部の人々や組織に悪用されてきた物質も珍しいのです。油症事件もその例外ではありません。事件が発生した68年から90年までの22年間に及ぶ油症研究班による膨大な研究データが『油症研究』[33]に集約されています。この研究報告書ほど矛盾に満ちた役回りを負わされているものも珍しいと思われます。それは、ＷＨＯの毒性評価すら左右する誇張したダイオキシン恐怖情報であり、その一方でその毒性を全否定するという側面を秘めているからです。この報告書を巧みに利用して実行したのが第9章で解説する国際スキャンダル事件です。これはダイオキシンを用いたウクライナ大統領候補暗殺未遂事件のことです。『油症研究』はダイオキシンの毒性とはいかなるものか、人体への影響について世界で唯一ともいえる貴重な知見を提供しています。

▩油症患者の大量死のウソ

『油症研究』にはさまざまな視点からの研究成果が記載されていますが、その中の第10章「油症患者の生存分析」に認定患者についての22年間の追跡調査結果があります。この生存分析データは、ダイオキシンの毒性とはいかなるものかを最も明快に示す貴重な資料と私は考えています。ところが、この追跡調査がダイオキシン恐怖情報の根拠に使われてきた経緯があります。ダイオキシンには必ずと言えるほどに「史上最悪の猛毒で最強の発がん物質」という枕詞がつけられてその毒性が強調されてきましたが、これは主に一部の油症研究学者によって喧伝されてきたものです。ここではこれら一部の油症研究者をダイオキシン学者と称することにしました。「ダイオキシンは１グラムで１万７千人を殺し、青酸カリの１万倍、サリンの17倍の致死毒性がある。」、「油症事件では３００人が亡くなり、１、８００人ほどが患者として認定された。」と書くダイオキシン本も出ました。「日本人に多発している肝がんや肺がんもゴミ焼却から発生するダイオキシンによるものであり、日本人のがんを50％も増やした。」というダイオキシン恐怖本も書店に並びました。

これらの流言の主な発信元は名の知られた油症研究を行ってきたダイオキシン学者です。果たしてこれらは事実であったでしょうか。彼らの主張の根拠がどこにあるのか『油症研究』のデータを解析します。

■12キログラムのダイオキシンで日本人滅亡の大嘘

ダイオキシンの猛毒説について『油症研究』から検証します。油症患者がどれほどのダイオキシンに暴露して症状を発したか、患者141人についての調査報告があります。これによると患者はライスオイルを最少で195ミリリットルから最大で3、375ミリリットルを摂っています。問題の中毒事故を発生させたライスオイルは、1968年の2月5日と6日の出荷商品と特定されています。5日に出荷したライスオイル中のPCB関連化合物の分析結果からPCBとPCQをあわせて358〜6、190ミリグラム、PCDFは1・44〜24・98ミリグラムを摂ったことになります。なお、患者141名についての調査でダイオキシンの摂取量はTEQ換算で平均0・62ミリグラム、最大3・04ミリグラムを摂っています。ここで示したダイオキシン量は最強の毒性を示すTCDDに換算したものです。PCBとPCQをあわせると最大6、190ミリグラムという驚愕すべき暴露量になっており、とても環境汚染で論じられるようなオーダーではありません。

事故と通常の環境汚染による暴露量の間には１万倍もの開きがあることが分かります。この油症事件でダイオキシンによる急性中毒での犠牲者は１人も出ていません。

患者の主な症状は先に述べたように、一過性の皮膚炎を主徴とする他、目やになどが代表的なものでした。なかには今も後遺症に苦しんでいる方々もおられるようですが、体を汚染していたダイオキシンのあらかたは体から消え去っています。患者がどれほどの致死量のダイオキシンに暴露したかを概算してみます。マスコミが主張したように仮に１グラムが１万７千人を殺すのであれば、１ミリグラムは17人分の致死量に相当します。そうすると患者は平均で０・６２ミリグラムを摂っているから、１人当たり約10人分の致死量のダイオキシンに暴露したことになります。患者全体ではおよそ２万人分の致死量に相当するダイオキシンに暴露したことになります。

最大暴露者は、３・０４ミリグラム、50人分の致死量のダイオキシンに暴露しています。なお、患者が初期症状を発症するまでの平均ダイオキシン摂取量は０・４６ミリグラム、７・８人分の致死量に相当します。最大暴露者は１・７４ミリグラムのダイオキシンを摂って初めて初期症状を発しています。この初期症状の発症量は30人分の致死量に相当します。この患者が史上最大のダイオキシン暴露者になります。この患者はそうとは知らずにライスオイルを摂り続けてさらに症状を悪化させたのです。この最大暴露者が初期症状を発症した暴露量は、後で話題にするウクライナ大統領候補暗殺未遂事件と関連がありますから記憶に止めておいてください。それにしても、このような科学的事実を最も熟知している油症研究者が発する最悪の猛毒説「12キログラムで日本人滅亡」の意図は、どこにあったのでしょうか。国民を畏怖させることにその目的があったと言われても否定することはできないでしょう。

■コホート研究が明かす長生きする油症患者

コホート研究とは、集団を対象として前向きに追跡する調査研究の意味です。油症患者について、事件発生時の68年から90年までの22年間に及ぶ追跡研究が二つあります。その一つは全患者1、815人（男性916人、女性899人）についてのものと、もう一つは全患者の内で定期的に血液提供に応じた定期的血液検査グループ計865人（男性407人、女性458人）についてのものです。全患者の調査データは各死因について、22年間の患者の観察死亡数を全国平均から患者の年齢構成に応じて割り出した期待死亡数と比較しています。期待値は年齢階層別の患者数に全国平均の死亡率を乗じて求められたものです。全患者グループについて主要な死因項目を抜粋したものを表7・1に示しました。

表7・1　全油症患者の原死因別観察死亡数と期待死亡数（全国レベル換算）の比較（O/E）
（全患者1,815名［男性：916名、女性：899名］）

原死因	男性			女性		
	観察死亡数	期待死亡数	O/E	観察死亡数	期待死亡数	O/E
全死因	127	107.29	1.18	73	81.52	0.90
悪性新生物	45	29.03	1.55	13	19.18	0.68
胃がん	10	8.97	1.12	1	5.12	0.20
肝がん	12	3.58	3.36	3	1.33	2.26
肺がん	9	4.96	1.81	0	1.69	0.00
乳がん	—	—	—	1	1.30	0.77
心疾患	20	17.44	1.15	16	14.51	1.10
脳血管疾患	14	20.50	0.68	7	17.82	0.39
肺炎気管支炎	6	6.57	0.91	1	4.60	0.22

事件発生後の22年間に男性１２７人、女性73人の計２００人が亡くなっています。とても油症事件で大量の犠牲者が出たというイメージとはほど遠いものがあります。ましてやこの事件で３００人が亡くなったというダイオキシン本の記述は、おそらく98年末までの累計であり、明らかな情報操作と言わねばなりません。専門書にも統計処理をしない累計で被害者を膨らませて読者の関心を惹こうとするものが少なくありません。油症事件についても必ずといえるほど犠牲者数が記述されていますが、これは後で解説しますが誤りです。患者の死亡数を全国平均の期待死亡数と比較すると、男性は死亡比率が１・１８倍高くなっていますが、女性は逆に０・９倍と10%ほど低くなっています。この男女の明暗を

表7・2　油症患者（血液検査グループ）の原死因別観察死亡数と期待死亡数（全国レベル換算）の比較（O/E）
（PCB測定患者865名［男性：407名、女性：458名］）

原死因	男性			女性		
	観察死亡数	期待死亡数	O/E	観察死亡数	期待死亡数	O/E
全死因	30	45.29	0.66	21	32.35	0.65
悪性新生物	8	13.47	0.59	4	8.96	0.45
胃がん	2	3.87	0.52	1	2.18	0.46
肝がん	2	1.75	1.16	1	0.65	1.54
肺がん	0	2.50	0.00	0	0.85	0.00
乳がん	—	—	—	0	0.64	0.00
心疾患	3	7.92	0.38	4	5.99	0.67
脳血管疾患	3	7.92	0.38	1	6.40	0.16
肺炎気管支炎	3	2.90	1.03	1	1.79	0.56

分けたものは何であるかについては後述します。

もう一つの全患者の内のほぼ半数に相当する定期的血液検査グループの追跡研究結果を見ると、驚くべき事実が分かります（表7・2参照）。このグループでは亡くなられた数は男性30人、女性21人の計51人です。この死亡数を全国平均の期待値と比較すると死亡比率は男性0・66倍、女性は0・65倍となり、全国平均よりも男女とも35％ほども死亡率が低くなっています。この患者グループのダイオキシン暴露量が全患者グループよりも低いという事実はありませんから、この死亡率の差はダイオキシン暴露量とは何の関係もありません。

それではなぜこのような奇怪なことが起こ

ったのか。それは、各死因別死亡率を先の二つのグループで比較すれば一目瞭然です。

■コホート研究が明かす油症患者の低いがん死

油症患者の死因別死亡率を見ると、極めて特徴的なものであることに気がつきます。全患者について全がんによる死亡者数は男性45人、女性13人であり、男性は全国平均よりも1・55倍も高く、女性は逆に0・68倍と男女で明暗を分けています。ダイオキシンが日本人のがんを50％も増やすというダイオキシン学者らによる流言は、この男性の全がん死亡率から発したものと思われます。しかし、ここでダイオキシンががんを増やすと早合点をしないでください。ここでなぜ男性だけががん死が増えて、逆に女性が減るのか、これについて確かな説明が必要です。この疑問もすぐに解けます。

■高い肝がん・肺がんリスクの偽り

男性のがん死の内訳を見ると1位が肝がん12人、次いで胃がん10人、肺がん9人であり、それぞれ全国の期待値と比較すると肝がん3・36倍、胃がん1・12倍、肺がん1・81倍となっており、日本の男性の油症患者のがん死がいかに異様なものであるかが分かります。この男性の高い肝がんと肺がんをとらえてダイオキシンが肝がんと肺がんを増加させると盛んに喧伝しました。この日本の油症研究のがん情報は、WHOのダイオキシンのがんリスク評価の判断を誤らせたほどの影響をもたらした可能性があります。これについては後で触れます。

それにしても女性のがん死が極端に低いのはなぜでしょうか。この矛盾は定期血液検査グループの追跡研究結果を見れば納得できます。このグループの全がん死亡率は男性で全国比で0・59、女性では0・45となっています。これでお分かりでしょう。定期的な血液提供に応じてきたこのグループのがん死は全国平均よりも男性でおよそ40％、女性では半分以下の55％も低くなっているのです。あたかもダイオキシンががんの発生を抑制しているかのような結果になっています。米国のEPAが『ダイオキシンレポート』の中でマウスの皮膚がん発生におけるダイオキシンの影響についての研究で、ダイオキシンの暴露が強い変異原性を示す発がん物質によるイニシエーション作用をほぼ完全に阻止することを紹介していることを第1章で説明しました。血液検査グループのこの極端に低い発がん率は、ダイオキシンのイニシエーション作用を抑制する動物実験の結果を想起させるものがあります。ところが、ダイオキシンによる発がん性をアピールするダイオキシン学者は、これらの重大な事実にはこれまで一切触れていません。

定期検査グループのがん死の内訳を見ると、やはり肝がんが男女とも高いものの、肺がんは男女ともゼロ、つまり肺がん死は1人もいません。日本人に増加中の肺がんはダイオキシンによるという情報[34]がいかに根も葉もないものであるかが分かります。肺がんは日本人のがん死の最大のものです。日本人のがん死の1位である肺がんがゴミ焼却炉から排出されるダイオキシンによってもたらされているという誤った情報操作が行われたのです。

結局このグループでは肝がんだけが全国平均よりも高いことが分かりました。なぜ油症患者に肝がんが高くなるのか。この謎解きを行います。

■日本を世界一の肝がん大国にしたもの

わが国では肝がん＝アルコールということが人々の間に広く浸透しています。これは医学界の陰謀とでもいうべき情報操作ではないかと考えています。大学の新入生に肝がんの主因を尋ねると、8割ほどの学生がアルコールと答え、ウイルスと答える人はごくまれです。アルコールでは肝炎が慢性化することはなく、断酒すれば速やかに改善し、肝がんに移行することはほとんどありません[35]。

肝がんの原因はほとんどが肝炎ウイルスであり、ウイルスに感染しなければ肝がんになることはほとんどないようです。日本人に肝がんを発生させる肝炎ウイルスはB型とC型で、この内C型が肝がん全体の8割を占めています。肝がんウイルスの感染経路は、多くは薬害や注射針ですが、当時厚生省はそれをひた隠しにしようとしていました。わが国の肝がん発生率は先進国中で突出しています。その理由は、肝がんの主因であるC型肝炎ウイルスに感染している人の割合が他の国に比べて極端に高いからです。最近、B型については乳幼児期の予防接種時の注射針の使い回しが原因であるとして国と患者の和解が成立しましたが、患者への補償としてこれから国は数兆円を支払わなければなりません。C型ウイルス感染については一部血液製剤による薬害であることが認められましたが、このウイルスは母子感染や性感染では感染せず、感染者の多くは医療行為によって感染したことがほぼ確実です。C型肝炎は長く原因ウイルスが解明されず、非A非B型肝炎とされていましたが、88年に米国のカイロ社がC型ウイルスの遺伝子の断片を解読し、89年から抗体検査が可能になりました。

ところで、日本の油症患者についての22年に及ぶ追跡研究が90年で頓挫したようですが、TR氏は「国民会議」結成の基調講演の中で、油症研究班と患者の間で修復が困難なほどのトラブルがあったことをほのめかしています。油症患者の肝がん死亡率は、世界一とされる日本人平均の数倍になっています。これは私の推測に過ぎませんが、油症患者に特異的に高い肝がん死をもたらした原因の追及もトラブルの要因になったのではないでしょうか。

話がそれますが、このほど２０１５年7月に厚労省は米国の巨大医薬メーカーのギリヤドサイエンシズ社が発売する抗Ｃ型肝炎ウイルス剤ハーボニーを答申し、２か月後には承認されました。この薬は１日１錠８万円、12週飲み続けなければなりません。一人当たり６７０万円を超えます。本人負担は６万円だけですから、ほとんどが社会福祉予算から支払われることになります。Ｃ型ウイルス感染者は全国に１５０万人以上、７割の感染者に投薬すると７兆円もかかることになります。肝炎患者の少ない欧米でも他の薬で代用し、この薬の使用を制限していますが、日本は無制限です[36]。平等な社会福祉の観点から問題視する声が上がっているとのことですが、難しい問題です。これも国費で賄われるわけですから、その負担はすべてこれからの若い世代が負わされることになります。国はどこまでも無責任です。

話を元にもどします。

■隠されていたもう一つのコホート研究データ

これまで検討してきたのは患者全体と定期検査グループの二つのコホート研究のデータでした。患者全体の中には定期検査グループが半数近く含まれていますから、患者全体のデータは定期検査グループの結果を反映したものであり、この二つのデータを比較するこ

表7・3　油症患者（非検査グループ）の原死因別観察死亡数と期待死亡数（全国レベル換算）の比較（O/E）
1968-1990

原死因	男性			女性		
	観察死亡数	期待死亡数	O/E	観察死亡数	期待死亡数	O/E
全死因	97	59.62	1.63	52	39.99	1.30
悪性新生物	37	16.13	2.29	9	9.41	0.96
胃がん	8	4.98	1.61	0	2.51	0.00
肝がん	10	1.99	5.03	2	0.65	3.07
肺がん	9	2.76	3.27	0	0.83	0.00
乳がん	—	—	—	1	0.64	1.57
心疾患	17	9.69	1.75	12	7.12	1.69
脳血管疾患	11	11.39	0.97	6	8.74	0.69
肺炎気管支炎	3	3.65	0.82	0	2.26	0.00

とにあまり意味がないとも言えます。なぜこれを公表しないのか疑問ですが、実はもう一つのコホート研究のデータがあるのです。

それは、定期的な血液検査に応じなかった集団（以降非検査グループ）についてのものです。非検査グループについて私が求めた結果を表7・3に示しました。なお、全患者のコホート研究は22年間の追跡研究であり、定期検査グループは78年から90年までの12年間に及んで血液検査に応じたグループの結果です。ここで22年間の結果と12年間の検査グループを同等に評価することに違和感をもつ人もいると思います。しかし、78年から血液検査を受けたこのグループからは68年から78年の10年間に1人の死者も出なかったのです。つまりこの定期検査グループの追跡結果も22年間の集計を示していることになるのです。非定期検査グループの結果は、患者全体のデータから定期検査グループのデータを差し引くことにより容易に求めることができます。（この問題は情報解析の演習教材にふさわしいことから、十数年来毎年授業の中で学生に取り組ませています。）

これだと患者全体を非検査グループと定期検査グループに分けて比較することができます。なお、ダイオキシン暴露量には両グループで差がないものとみなします。まず男性の死亡率を期待値と比較すると非定期検査グループは1・63倍に対して定期検査グループは0・66倍であり、両者には2・5倍もの開きがあります。それでは、男性の全がん死亡率は非定期グループで2・29倍、定期検査グループで0・59倍とやはり4倍ものひらきがあります。ここで誤解しないでいただきたいことは、定期検査グループが、がんの早期発見により延命したのではないかということですが、そのような可能性はありません。当時、肝がんや肺がんは難治がんの代表的なもので、十中八、九は助からないがんで、検診による早期発見でも死亡率には何の変化もなく、医療効果がほとんど期待されないがんでした。[37]

肝がんは非検査グループで5・03倍、定期検査グループ1・16倍で、両グループとも全国平均を大きく上回っていますが、それでも両グループで4倍の違いがあります。ウイルス感染のデータが公表されていないことから断定することはできませんが、両グループでC型肝炎ウイルスの感染率に大差はないと考えています。両グループで肝がん死に大差をもたらしたものは喫煙です。がんウイルスと喫煙の相乗効果によって発がん率が著しく増加することはよく知られた事実です。米国がん協会も子宮頸がんウイルスと喫煙の相乗効果で発がん率が17倍に増加するとがん予防8か条にうたっています。日本では札幌医大のグループが喫煙により肝がんのリスクが15倍になることを報告しています。

非検査グループの突出した肺がん死亡率は、これらのグループの喫煙率の異常さを示唆します。喫煙率が高いことは肺がん死で明らかです。このがん死のデータほどダイオキシン学者の暴挙をあからさまに示すものもありません。肺がん死は非検査グループ3・27倍であるのに対して定期検査グループは皆無です。さて、このように見ていくと「油症患者がダイオキシンによって300人も亡くなっている。肝がんや肺がん死が異常に高い。」というふれ込みがいかに怪しげな根拠によってつくり出されたものであるかがよく分かります。非検査グループと定期検査グループの明暗を分けたものは油症事件とは何の関係もない生活習慣にあったのです。

油症研究は高いがん死、特に肝がんと肺がん死を前面に掲げて進められてきました。それは、WHOに的を絞って国家的事業として推進してきた可能性があります。そのような中で、よくぞ定期検査グループの死亡に関する追跡調査データを公表したと評価していま す。せめてもの科学者の良心でしょうか。

しかし、『油症研究』[33]にはいくつかの問題がありました。その一つは肝炎ウイルスの感染率についてのデータの欠如です。肝がん死の解析に当たって肝炎ウイルスを考慮しないことは考えにくいことです。C型ウイルスの確認手段の開発が89年以降になったというもの の、保存血液から定期検査グループのウイルス感染に関するデータはあるはずです。また、喫煙率についても、当然データがあるはずですが公開されていません。非検査グループについての基本的な解析すら行われていない事実は、『油症研究』そのものになにやら陰謀めいたものを感じさせます。95年には、国の基本的な『人口動態統計』[38]について、なぜか肝がん死のデータだけが大幅に改竄されています（第８章参照）。また、96年には『油症研究』の英語版が97年のＷＨＯの国際がん研究機関の発がん物質評価部会に間に合わせるかのように慌ただしく発刊されました。日本語版で出たのが２０００年になってからですから、この発刊がいかに異様であったかが分かります。

定期検査グループのあまりに高い生存率に困窮した研究者は、「ＰＣＢの測定があることは、より健康に注意する生活と関連している可能性」という説明をしています。これこそ油症研究の陰の部分と、研究者の科学者としての苦しい胸のうちを示しているのかもしれません。

WHOの下部組織IARCへの疑念

わが国で「ダイオキシンは最強の発がん物質、日本人のがんを50％も増加させている。WHOがダイオキシンを最強の発がん物質に認定した。」という途方もないことがまことしやかに喧伝されました。ここでいうWHOが認定したという機関は、フランスのリヨンにある国際がん研究機関（IARC）です。ここで2年ごとに発がん性の問題が討議されています。IARCは、発がん性を評価するに当たり、次のようなカテゴリーに分類しています。Aはヒトに対して発がん性あり、Bは1と2に分けられ、B1は動物に対して発がん性あり、B2は動物に対して発がん性の可能性あり、Cは分類できない、Dはおそらく発がん性はない、の5段階に分かれています。このカテゴリーを見れば分かるようにカテゴリーのランクと発がん性の強弱とは何の関係もありません。ほんのわずかでも人に対してがんの発生率が上がったと認識されれば、カテゴリーAにランク付けされることになります。

15年11月にIARCは、ハム・ソーセージなどの加工肉製品をヒトへの発がん性ありのAカテゴリーに加えました。日本ではお歳暮シーズンを控えて食肉メーカーはその対応に苦慮したといいます。古代から加工肉を主食の一つにしてきたドイツなどから猛烈な抗議がＩＡＲＣに寄せられました。科学的な根拠を示すことのできないＩＡＲＣは、この抗議にたじたじとなったことはいうまでもありません。記憶に新しい話です。

ＷＨＯの見解と聞くと、さぞかし高度な科学的知見に基づいた解析からの発がん性の評価であろうと誰もが考えるでしょう。ところが、なんと20か国の代表者による投票で決められています。日本の代表としてこれに参加された著名なあるがん研究者は、３日間ホテルに缶詰めにされて机にうずたかく積まれた膨大な資料を読まされて頭がくらくらする状態で投票させて決めていると述べています。それでは97年にダイオキシンがカテゴリーＡにランクされた経緯はどのようなものであったのか。日本側の代表として参加した研究者からその実態を聞いたことがあります。なおその前に、ＩＡＲＣはそれまでダイオキシンをどのように評価していたかそれまでの経緯を簡単に説明します。

ＩＡＲＣは１９７７年にダイオキシンをカテゴリーＣの分類できない、にランクづけしています。この段階ではダイオキシンに発がん性があるとは認めていないのです。その10年後の87年にはカテゴリーＢ２の動物に対して発がんの可能性あり、にランク付けします。遺伝毒性のないダイオキシンに発がん性があることを示すためには、予め本格的な発がん物質でがん細胞を誘発させるなど、かなり手の込んだ操作を行わなければなりませんから、このランク入りが妥当なところです。ところが、97年の検討会ではいきなりAランク入りが検討課題に上がります。そして、カテゴリーAランク入りが決まりました。87年以降ダイオキシンのがんの研究で目新しい発見は何もありませんから、いきなり2ランクアップはなにやらきな臭いものを感じざるを得ません。それではそのときの票決の状況をみることにします。

日本側代表によると、投票直前にセベソの住民のがんについての未審査資料が配付され、これが間もなく公開されるという情報が評決に影響を及ぼしたといいます。そして賛成票10対反対票9で、最後の1票次第ではカテゴリーAランク入りが流れそうなところ、座長の米国NIH（国立衛生研究所）の研究者の長い逡巡の末の賛成票でAランク入りが決まったといいます。これが事実とすれば、何とも奇怪な話であり、座長が全員の票を確認した上で投票するというのも納得のいかない話です。私は、票決を決定したものは『油症研究』[33]の肝がん死のデータであったと推測しています。

98年の5月にスイスのジュネーブで行われたダイオキシンの健康リスク評価部会で人に対する発がんが明記されたのは、カネミ油症患者の肝がん死亡率3倍で、他は曖昧な表現に終始しています。しかも、油症患者を除く農薬工場の事故などによる軟部組織肉腫がんなどのまれながんの増加は、ダイオキシンの数万倍も高濃度の農薬類の影響による可能性を示唆しているのです。なお、肺がんについてはどこから情報を入手したのか、死亡者は全員喫煙者であることが話題になったといいます[39]。さすがにタバコ規制条例を作成して世界に禁煙を勧告しているＷＨＯも突出した日本側の肺がん死データまでは容認することはできなかったようです。なお、ＷＨＯは日本の油症事件とまったく同じようなメカニズムで発生した台湾油症患者の肝がん死亡率は低く、０・８倍と記述しています。ＷＨＯの研究者はこの違いを疑問に思わなかったのでしょうか。日本がカテゴリーランクＡ入りをＷＨＯに働きかけたのではないでしょうか。国民にダイオキシン恐怖情報を盛んに流したあるダイオキシン学者もこのときリヨンに馳せ参じたといいますから、相当数の応援部隊が日本から駆け付けたのではないかと想像しています。

　これ以降、ダイオキシンはＷＨＯが認めた最強の発がん物質という情報が駆け巡ることになりました。これこそがダイオキシン法を画策してきた人々の目的であったのです。

第8章 人口動態統計の改竄疑惑

人口動態統計・肝がん死データの異変

フランスの人類学者のエマニエル・トッドは、ソ連（当時）の乳児死亡率から、この強大な連邦国が間もなく崩壊することを予見して見事に言い当てたことはよく知られています。[40] このように人口動態統計はその国の盛衰を推定するだけでなく、国の政策を決定する上で欠かせない基本資料です。このような重要な国の基本統計がまさか改竄されるとは誰も想像だにしないであろうし、私自身もまさかという思いでいます。図8・1は『終焉』[6]に載せた日米の肝がんの年齢調整死亡率の推移を比較したものです。日本のデータは96年版の人口動態統計から、米国のデータは95年版の米国がん協会のがん統計より作成したものです。

当初から、日本の肝がん統計は近年になって異なっている（図8・2参照）ことを確認していましたが、肝炎ウイルスの感染経路の隠蔽が絡んでいると考えていました。すなわ

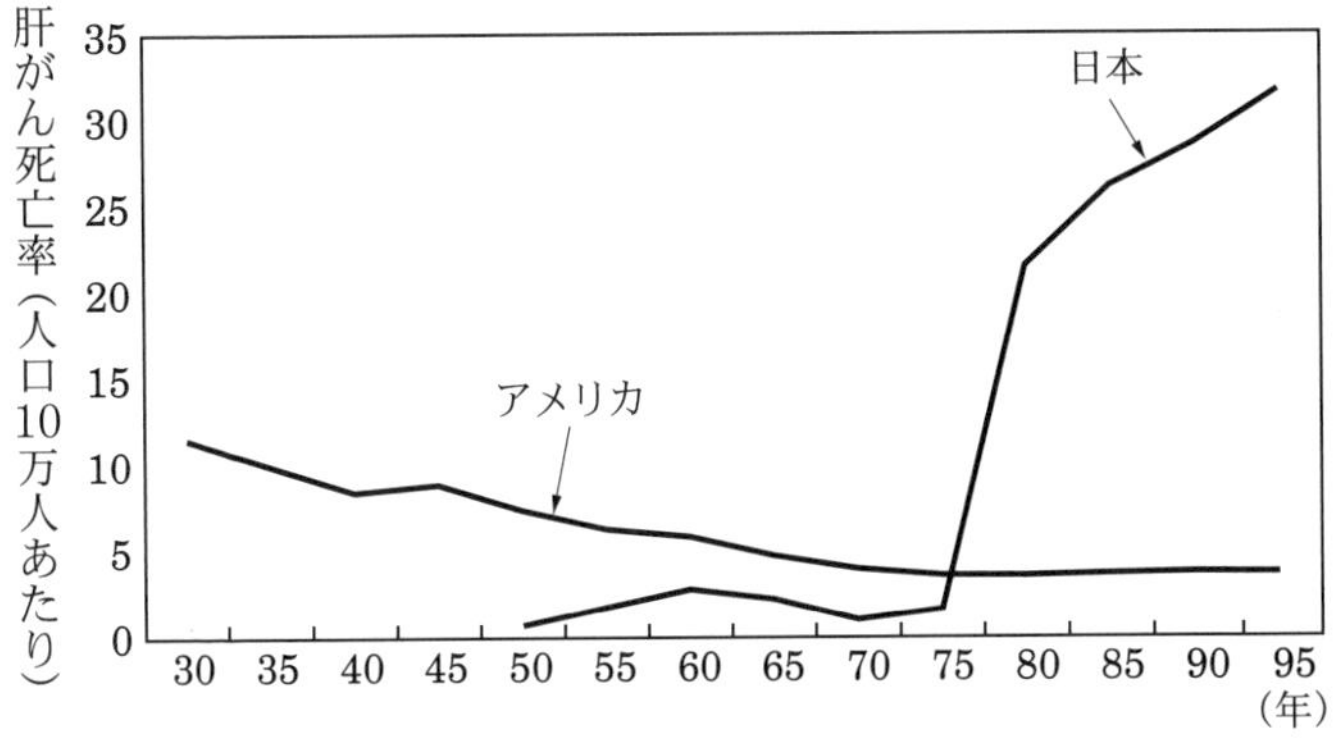

図8・1　肝がん年齢調整死亡率（日米比較）

ち、80年代に入ってから突出する肝がん死亡率は、数十年前からの注射器を取り換えない予防接種の開始時期を示唆するものであり、これを隠蔽するために97年に改竄したものと考えたのです。そして、その事実を隠蔽するために裁判対策としてその後改竄が行われたと考えていました。ところが、さらに古い版を調べるとこの96年版が改竄されたものであることが分かったのです。正しくは95年版と96年版だけが改竄されていたのです（図8・3参照）。

何度か厚生労働省の統計情報部に問い合わせましたが、そのようなことはないとの一点張りで埒が明きません。その年度版を見なければそのような事実には誰も気づくことはできないのです。さらによく調べてみると、肝がん死のデータだけが安直に書き換えられていることが分かってきました。なぜ改竄という表現をするに至ったかというと、人口動態統

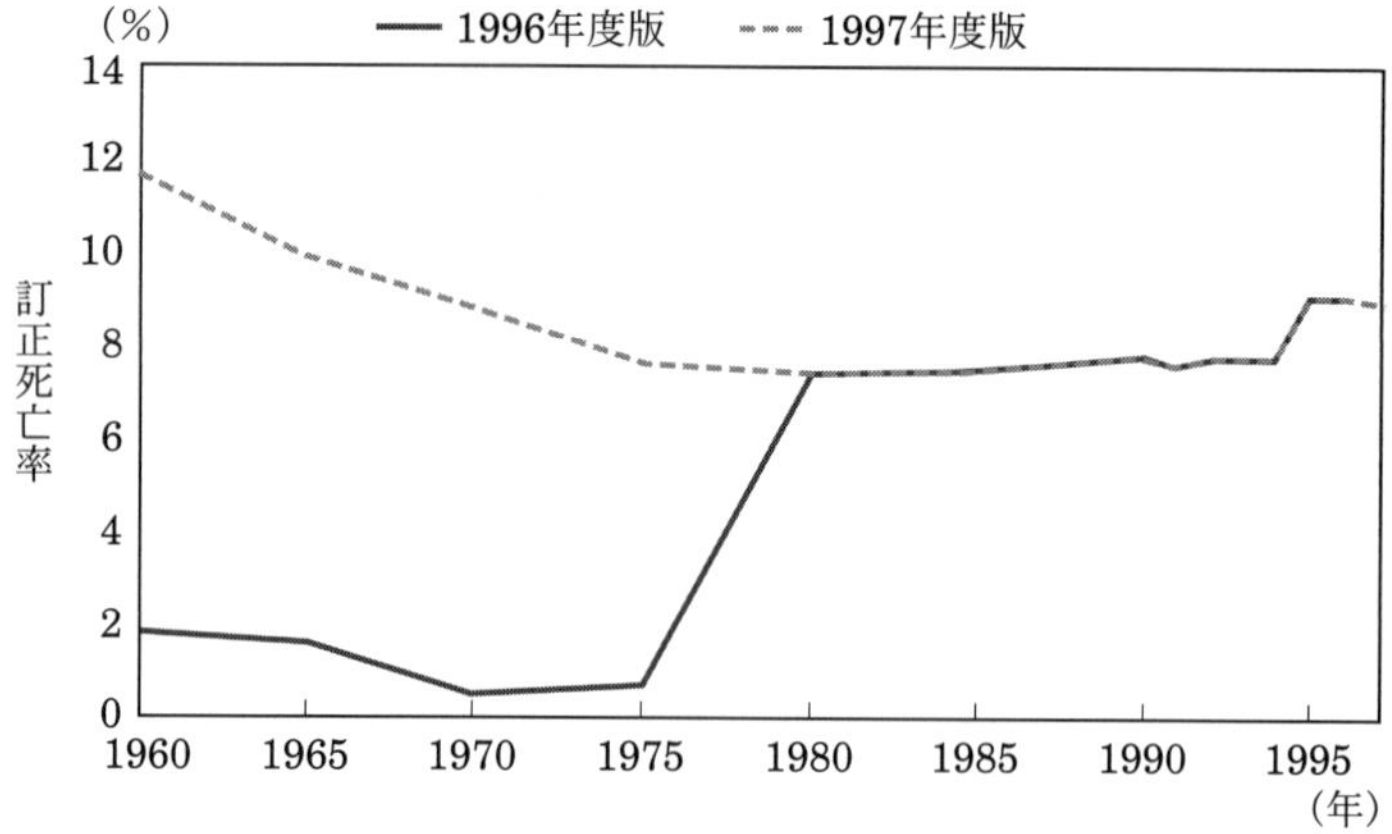

図8・2　肝がん死亡率の推移（男性）

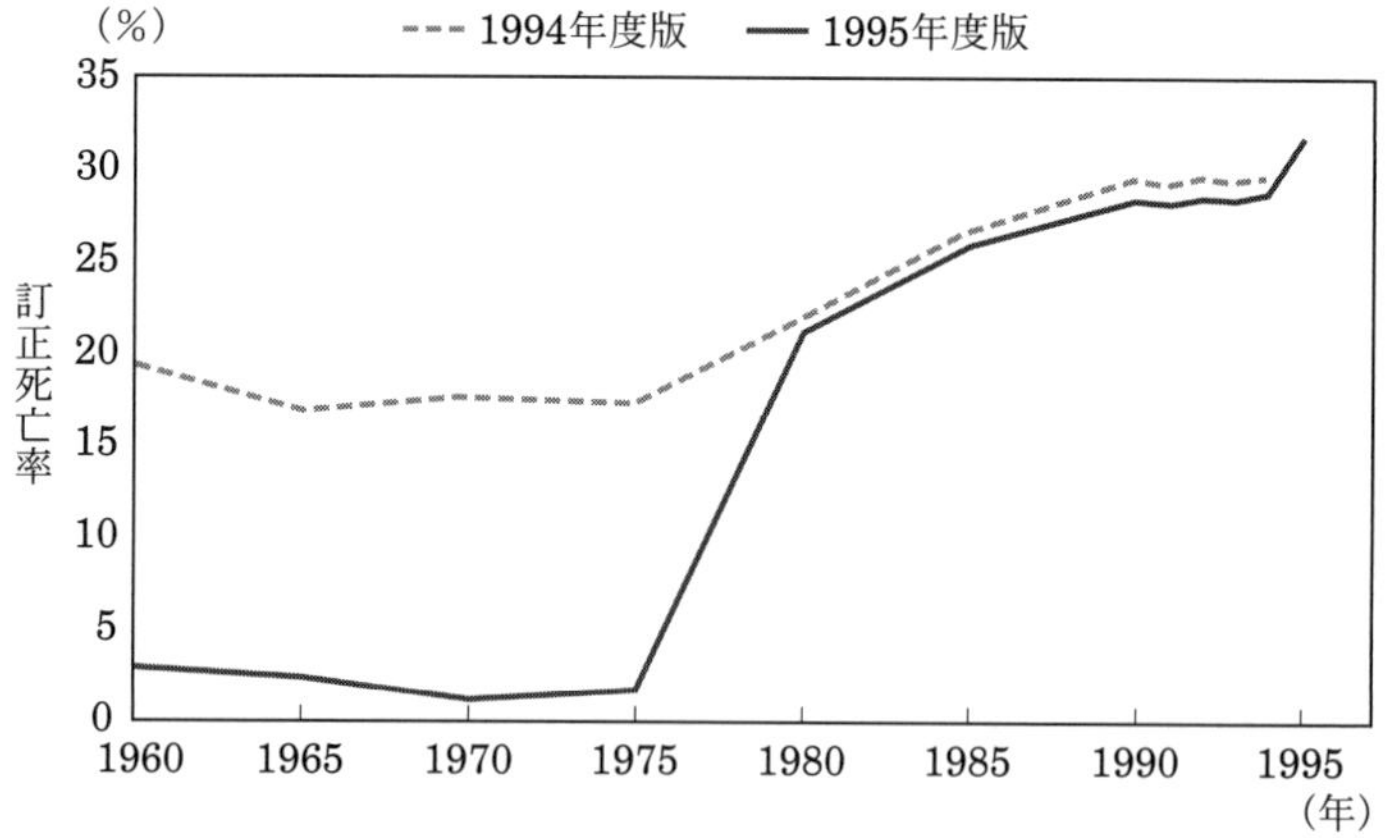

図8・3　肝がん死亡率の推移（男性）

計は過去のデータに新しい年度のものを積み重ねる方式で編纂されることから、過去のデータが大幅に変わることは考えにくいのです。改竄されていた肝がん死亡率は80年以前の死亡率が大きく下方修正され、80年に入ってから急増する誰が見ても異様に感じられるデータになっているのです。そこで肝がん死亡率が改竄された謎解きを試みることにします。

まず、なぜ肝がんかという点ですが、これは油症研究学者が繰り広げたダイオキシンが肝がん死の異常増加をもたらすという主張を側面から支援したことにつながります。意図的に改竄が行われたとすると、これ以外には理由はなさそうです。つぎになぜ80年代に肝がん死が急増するように改竄したかという点ですが、産廃ゴミや家庭ゴミの焼却量がバブル景気とともに急増していることに着目して、乳児死亡率がそれに連動して増加してきたとする反ダイオキシン環境ＮＧＯの主張を側面から支援するための基本データの捏造ではなかったかと思われます。

なぜ95年版が改竄されたのかという点ですが、93年頃からダイオキシン法の制定に向けてさまざまな下工作が秘密裏に進められていることと連動した動きととらえることができます。例えば92年に実施された乳幼児のアトピー性疾患の全国実態調査も、母乳哺育がアトピーを増やすというダイオキシン騒動を誘発させるための下工作であったと考えられます。これについては第11章で取り上げます。すべてはダイオキシン騒動誘発のための導火線の一つであったと理解できそうです。

最後に、この人口動態統計の改竄はなぜ96年度で終わり、以降修正したのかについて考えてみます。その年が、厚生行政のエポックメーキングともいうべき年になります。厚生省（当時）官僚のトップの事務次官が業者から7千万円のキックバック他の賄賂を受け取り逮捕される事件が発生しています。対がん10か年計画では成果に掲げられた10項目の9番目に治らないがんのあることが分かった、と記述し、10番目に予防の大切さが分かった、と続きます。これまで国が掲げてきた早期発見・早期治療に疑問符がつけられた頃でもあります。

そして国は成人病を生活習慣病に改めて国民に向けて自己責任を打ち出しました。エイズ予防法の目論見は完全に破綻して厚生省の失策が白日の下に晒され、90年に及んで続けてきたハンセン病患者の強制隔離を一転してその犯罪性を国が認めてこれを廃止したのも96年のことです。人口動態統計の改竄が96年で終わったのは一連の懺悔の現れととらえられなくもないようです。

肝がん死データ解析をめぐるダイオキシン学者との論争

2016年1月にゼミ生の山崎たける君が『ダイオキシンは怖くないという嘘』[41]（以降

『ウソ』とする）という本が私を中傷していると教えてくれました。彼は卒業研究に、11年3月に発生した東日本大震災の長引くガレキ処理問題をテーマにして取り組んでいました。長引くガレキ処理問題の根底にはダイオキシン法があることに気付き、ダイオキシンに関連する本を調べていく中でこの本の存在を知ったといいます。

この本には先に紹介した中西準子氏や国連大学副学長の安井至氏、『終焉』の共著者の渡辺正氏に対して非礼ともいえる言葉が投げかけられており、ダイオキシンの問題では科学者の間でも常道的な論争があることがわかります。私についても「林氏の肝がん死亡データ分析の誤り」という見出しをつけて批判が行われています。この他にもアトピーに関連して何か所かで私の説に対して反論が展開されています。そこで、『ウソ』に書かれている私への批判内容を検証することにします。

私への批判の一つは『終焉』に掲載した肝がん死亡率の日米比較のグラフについてのものです。日米の肝がん死亡率の出典はすでに説明した通りです。人口動態統計の肝がん死亡データ改竄疑惑についてもすでに解説しました。『ウソ』には、『終焉』のこの肝がん死亡データ解析について看過することのできない重大な間違いがあると記述されています。それではこの問題についてＮＪ氏の主張はどうであったか、その流れを推測も交えながら解説します。最終結論は読者にお任せします。

ＮＪ氏は『終焉』にある誰が見ても異常に感じる日本人の肝がん死のグラフに着目します。彼は「直観的にこれは可笑しいと感じた。」といいます。そこで人口動態統計と見比べています。そして、『終焉』のグラフは根も葉もないつくり物と考えたと推測されます。彼はすぐに私にグラフの出典を問い合わせました。ＮＪ氏からの問い合わせに対して、私は96年度版の『人口動態統計』に準拠したと返答しています。そこで彼は96年版を取り寄せて確認しました。ところが意外にも、そこには先に彼が見た人口動態統計とはまったく異なった肝がん死のデータが記載されていたのです。そこでこの食い違いに悩んだ彼は厚生省（当時）に問い合わせます。その結果、次のようなことが分かったと結論づけます。

96年版では、80年から急に肝がん死亡率が上昇したのは疾病分類ＩＣＤが8から9に変わったことによると解釈します。そして、それまでの肝細胞がんの分類からすべての原発性肝がんを含めたために、80年から肝がん死亡率が見かけ上急に高くなったと説明しています。また、79年以前の極端に低い肝がん死のデータは、97年になってから見直して、新しい疾病分類に沿って計算し直したと説明しました。そしてこれによって肝がんに関する人口動態統計の食い違いは解明されたと述べています。彼はさらに、このような変更は日本だけだがと意味不明な説明もつけ足しています。そして、林はこの疾病分類の変更に気づかなかったために、誤った肝がん死解析を行ったと結論づけたのです。また、なぜ最新の人口動態統計を用いなかったのか、とも記述しています。さらに、肝がんを医原病と述べる林の主張を重大な誤りだと否定します。以上が『ウソ』に書かれた肝がん死亡率に関するおおよその見解です。

それではこれから『ウソ』に書かれた主張について検証します。人口動態統計の肝がん死のデータ改竄疑惑についてはすでに説明した通りです。ＮＪ氏は人口動態統計のデータ改竄の事実をこの段階まではまったく認識されていないと思われます。そのため、『ウソ』に書かれた肝がんに関するデータ解析のすべてに基本的な誤りがあります。また、厚生省がＮＪ氏が主張するような回答をすることは考え難いのです。厚生省としては集計ミスとでもする以外には言い逃れができないからです。そのため、ＮＪ氏が解析した内容は自作自演ではないかと思われます。ＮＪ氏の誤りは96年版も、また97年版も同等に正統な『人口動態統計』という基盤にたったところにあります。そこで、この両版の大きなデータの食い違いについて、国際疾病分類の基準変更ですべてを説明しようとしたのではないでしょうか。

しかし、肝細胞がんに加えて原発性肝がんを加えたために見かけ上肝がん死が急増したと説明していますが、説明に無理があります。これまでの肝がんに含まれないがんがあったとして、それで肝がん死が10倍以上も増加することもなければ、仮にそのようながんが存在したとして、それまでこれらのがんはどの項目に集計されていたのか、というがん統計全体の集計の問題に発展することになります。97年になって新しい疾病分類基準に沿って79年以前のデータを計算し直したと見てきたようなことを記述されていますが、60年から79年にかけての元データはどこにも存在しません。前にも説明したように改竄されていた人口動態統計は、95年版と96年版だけです。94年版以前が新しい疾病分類に沿って肝がん死が集計できるはずはないのです。厚生省の回答者かNJ氏のどちらかが勘違いをしたことになります。また、新しい人口動態統計を使わなかったことについてクレームをつけていますが、古い時代のデータを参照するのに最新のものは必ずしも必要ではないのです。

さらに『ウソ』には、唐突にわが国の肝がん発生を医原病とするのは完全な誤りであると強調されていますが、主張に一貫性がありません。なぜなら、日本人の肝がんの主体はC型肝炎ウイルスによるものであり、子ども時代の予防接種時の注射の回し打ちや輸血が感染原因であると『ウソ』に記述されているからであり、このような医療行為によってもたらされる病気を巷では医原病と称しているのです。

彼の主張はわが国に肝炎を蔓延させた医療行政の失策を隠蔽することになるのではないでしょうか。

データ発表のあり方

『終焉』を出して数年後に筆者と渡辺氏に、告訴も辞さない勢いでＮＪ氏から抗議がありました。その内容を簡単に説明すると次の通りです。ＮＪ氏は、自分の著書に油症患者の肝がん死が日本人平均よりも５・６倍も高いと記述しています。ところが68年から始まった22年間の油症患者に対する追跡調査の集大成の『油症研究』の男性肝がん死全国比３・３６とも大きく異なっています。そこで『終焉』にＮＪ氏が示した男性肝がん死５・６倍の根拠が分からない、まさか男女の死亡率を合算したわけでもないだろうがと記述しました。ＮＪ氏はこれをとらえて名誉棄損だと抗議してきたのです。彼によると、この肝がん死５・６倍は83年の追跡調査の中間報告からの引用といいます。そこでまったく根拠のない数字ではなかったことから、この個所は訂正すると返答しました。

私の返答の詳細は『ウソ』に記述されている通りです。彼はこれをとらえて「肝がん死亡率で林氏が謝罪」という見出しをつけて読者に自説を披露しています。ところが事実は『ウソ』をよく読んでいただければ分かりますが、科学的論争とはほど遠い話です。とてもここで紙面を割くような内容ではありません。しかし、全国を震撼させたダイオキシンアトピー説はＮＪ氏発でもあり、後にこの問題を考える上で参考になると思われることから敢えて話題に取り上げます。

事実はこうです。NJ氏は油症研究の信頼性の高い最終データではなく、自説に都合のよい中間報告の高いデータを引用したのです。この中間報告のデータ解析は、油症患者の生存分析を担当した研究者自身が後に肝がん死と油症事件の相関性を否定したものです。なぜ敢えて信頼度の低い中間のデータを引用したのか。これは過去の記録を調べるときに必ずしも最新の人口動態統計が必要ではないという先の課題とは次元がまったく異なる話です。この点を追及しましたが、NJ氏はこれに対して「一般集団の予測死亡率の5・6倍だろうが3・36倍だろうが大きな違いはないと考えた」と『ウソ』に記述しています。さらに「しかし一般の人にはこれが大きな違いかもしれない。だとすると私の感覚のずれがあるということだ。」と書いています。

彼はヒトがダイオキシンの発がん性には最も感受性の高い動物であり、ダイオキシンはがんを50％も増加させると主張しています。NJ氏のダイオキシンの発がんに関する著書の記述はその後、雨後の筍のように出版されたダイオキシン本の手本になったと思われます。それだけに油症研究者の1人としてNJ氏には大きな責任があるのです。しかし、NJ氏は科学者として客観的にデータと向き合ってきたでしょうか。そうであれば、信頼度の低い中間報告のデータを引用することもなければ、定期検査グループの極端に低いがん死についても論じるか、あるいは発がん性をことさら強調することにはためらいがあったはずです。それにしても、ＮＪ氏はこの肝がん死亡率について私への告訴を弁護士に相談して本気で考えていたそうです（『ウソ』）。

第9章 ウクライナ大統領候補ダイオキシン毒殺未遂事件騒動

2004年の12月に東欧のウクライナで大統領を決める選挙戦のさなかに候補者が危うく暗殺されかけたというニュースが流れ、世界中を驚かせました。記憶にある方も多いと思います。それほどにこのニュースが世界の人々に衝撃を与えた理由は、暗殺に使われた手段が史上最強の毒物といわれてきたダイオキシンによることと、毒を盛られ危うく殺されかけたという候補者の無惨なあばた面が、若い頃の端正な顔写真とコントラストに映し出された演出効果によります。ダイオキシンに関する話題は、ベトナム戦争の枯葉剤以来しばしば国際ニュースに取り上げられてきましたが、国際スキャンダルの舞台に登場したのはこれが初めてです。この事件は現在起こっている米ロ戦争の前哨戦であるウクライナ紛争をもたらした遠因でもあり、今後の国際情勢を占う上でも重大な出来事でした。また、この事件はダイオキシンの毒性を理解する上でも重要な知見を提供しました。なぜなら、今日までに世界中でおよそ30万人もの人が高濃度のダイオキシンに暴露しましたが、この被害者とされた候補者の暴露量は人類史上2番目に多いものであったからです。

東西両大陸の狭間に揺れるウクライナ

ソビエト社会主義共和国連邦（ソ連）が崩壊して、かつての同盟国がロシアに反旗を翻してヨーロッパ連合（ＥＵ）に加盟しましたが、ウクライナ一国だけが進路を決めかねていました。以来ウクライナはロシアとＥＵ諸国の狭間にあって絶えず揺れ動いてきました。ウクライナという国が歴史上独立できたのはソ連が崩壊した１９９１年が初めてです。しかもこの独立は主体的に勝ち取ったものではなく、棚ぼた式にもたらされたものでしたから始末が悪いようです。

ロシアはソ連時代に航空母艦やロケットなど高度な軍事技術を無償で供与するなどウクライナを厚遇してきました。ところがウクライナはソ連崩壊後これらの軍事機密を二束三文で中国に売り渡してしまいました。中国初の巨大航空母艦の「遼寧」もウクライナで建造途中のものを購入して改造したものです。中国の軍事的脅威はウクライナによってもたらされたといっても過言ではないようです。ロシアはＥＵ諸国に売却する天然ガスの80％をウクライナに敷設したパイプラインを使って送っており、ウクライナは同国の経済にとっての生命線になっています。ロシア包囲網を画策する米国がこの揺れるウクライナに食指を伸ばさないはずはありません。ここで取り上げる大統領候補暗殺未遂事件騒動もそのような国際情勢下で起こったものです。この選挙戦は親ロシア路線をとるヤヌコビッチと親米路線をとるユーシェンコによる国を二分する争いになりました。この頃にはソ連邦の仲間であったポーランドやハンガリーなど8か国がすでにEUに加盟していましたが、ウクライナ国民は必ずしもEU入りを望んでいませんでした。ウクライナはウクライナ人とロシア人が多数を占める他ベラルーシ人などによる多民族国家であり、コソボ紛争時の元同盟国に対するNATO軍による言いがかり的な空爆に対して国民は少なからず不信感をもっていたという指摘があります。

ヤヌコビッチ陣営にはロシアが肩入れし、ユーシェンコ陣営には隣国のポーランドを介して米国から選挙参謀と資金が提供されていました。その結果11月21日の選挙でヤヌコビッチが2、3ポイントの僅差で勝利します。ところが、ユーシェンコ陣営から選挙に不正があったという抗議が起こり、それが首都キエフを中心にオレンジ革命と呼ばれる抗議行動にまで拡大します。その結果12月26日に再選挙が行われることになりました。毒殺未遂事件騒動はこのやり直し選挙の終盤の事実上雌雄を決するテレビ討論会直前に起こりました。

ユーシェンコ夫人のエカテリナが米国のABCテレビの取材で、夫が敵側陣営から猛毒のダイオキシンを盛られて危うく殺されかけたと告発しました。夫人によると、夫の帰宅時に口から薬の匂いがし、間もなく容体がおかしくなり、ウィーンの病院に緊急搬送されたといいます。そして医師からもう１週間入院が遅れていたら命を落とすところであったが、やがて顔の異変も元通りに戻ると告げられたと発言します。この翌日にはウィーンの医師団による記者会見も行われます。

医師団は「ユーシェンコの症状は明らかにダイオキシンによるものであり、通常の人の千倍以上の濃度で、他の動物であれば死ぬところであった。しかし免疫系の異常や後遺症の心配はない。皮膚の異変もやがて元に戻る。詳細なデータを得るために患者の血液サンプルをオランダアムステルダムの自由大学に送り毒性学の専門家に分析を依頼したので、間もなく結果が届くだろう」と発表しました。

それから数日後にアムステルダムから分析結果が届き、ユーシェンコが盛られたとする毒は純粋のダイオキシンで、ダイオキシン類の中でも最強の毒性をもつ２、３、７、８－ＴＣＤＤであり、[42]体内濃度は通常の６千倍、人類史上２番目に多い暴露量であったことが報告されます。これらのことが１週間ほどの間に矢継ぎ早に報じられました。

この衝撃的なニュースは、ユーシェンコ氏の若い頃の端正な顔立ちの写真とダイオキシンによる塩素ニキビに犯されたあばた面の風貌をコントラストに並べて全世界に流されました。日本ではＮＨＫを筆頭に各局が報じ、再び国民にダイオキシン恐怖の悪夢をよみがえらせました。しかし、この事件で最も大きな衝撃を受けたのは他ならぬウクライナ国民です。

ユーシェンコは自分の毒物症状は、間違いなく相手側陣営の陰謀によってもたらされたものだとして本格的な捜査を要求します。一方、司法当局も翌日にユーシェンコ毒殺未遂事件について本格的な捜査を開始したことを公表します。この騒動により大統領を決める選挙戦の状況は大きく変わり、ユーシェンコが逆転勝利をおさめました。

日本のマスコミはこの衝撃的な部分だけを報道して国民にダイオキシン恐怖をよみがえらせたままでこの報道からすぐに手を引いてしまいます。ところが海外のジャーナリストはその後も丹念に追跡取材を続け、その結果さまざまな疑惑が浮上してきました。この点が記者クラブという制度に浸っている日本と海外のジャーナリストの大きな違いかもしれません。

疑惑の解明

エカテリナ夫人やウィーンの医師団の報告には不可解な部分がいくつもありました。その後の追及で驚くべきことが明らかにされてきます。毒を盛られたというある高官との会食があったのは大統領選の告示前の9月5日だといいます。そして4日ほどしてオーストリアのウィーンの病院に緊急入院したといいます。それではそのときウィーンの病院はどのように診断したか。医師団によるとそのときはウイルス性の発疹と誤診したといいます。

それでは入院直後の問診時にユーシェンコは毒を盛られた可能性をなぜ医師に伝えなかったのか。また、３か月も過ぎた選挙戦を決定づけるテレビ討論会の直前になぜ検査入院が必要であったのか。なぜそのとき医師は後１週間入院が遅れていたら死んでいるところだったと夫人に告げたのか。３か月前の入院時には原因がつかめなかった病院が、なぜこの度の検査入院で間髪おかずダイオキシンであることが特定できたのか、また血液サンプルの分析をアムステルダムの専門家に依頼したのもあまりに手回しが良すぎるようです。

このようにユーシェンコ本人や同夫人、医師団の発言は不可解なことばかりでした。夫人についても疑惑がもたれます。エカテリナはウクライナから米国に亡命してきた両親からシカゴで生まれ、米国国務省に勤務します。その後、彼女は、別れた前妻との間に生まれた２人の娘をもつユーシェンコと結婚します。ユーシェンコはエカテリナとの結婚により米国から情報と資金を手に入れ、同夫人は米国中央情報局のエージェンシーと陰口を叩かれています。

ユーシェンコのダイオキシン暴露量

ユーシェンコの体内ダイオキシン濃度は一般人の6千倍です。彼はどれほどのダイオキシンに暴露したのか概算をしてみました。体内のダイオキシンは脂肪に溶けていますから、体内ダイオキシン濃度は脂肪1グラムあたりで表されます。ダイオキシン量を正確に求めるには体重や蓄積脂肪量などが分からなければできません。ユーシェンコは上背のあるがっちりした体格であることから身長188センチメートル、体重90キログラム、蓄積脂肪22％と仮定して求めてみました。そうすると体内脂肪は20キログラムになります。

次にウクライナの一般人の体内ダイオキシン濃度を推定してみました。体内ダイオキシン濃度は国によって大きな違いがあります。人々の体のダイオキシン汚染源は主に1960年代に使われ、70年代には使用が禁じられた有機塩素系農薬に不純物として含まれていたものです。そのため農薬を多用してきた工業国ほど人体のダイオキシン濃度は高い傾向になっています。特に農薬を撒布した牧草を直接家畜に食べさせ、得られた畜産物の消費量が多い国ほど体内濃度は高くなっています。98年にWHOの環境健康国際委員会をジュネーブで開き、各国の人体ダイオキシン濃度について検討しています。それによると先進諸国の体内ダイオキシン濃度は着実に減衰していることを指摘しています。最も体内ダイオキシン濃度の高い国はイギリスなどのヨーロッパ工業国で35ピコグラム／グラム（脂肪）、と推定しています。次いで体内濃度が高い国は日本や米国で、20～25ピコグラム／グラムになっています。最も低い国は60年代に農薬をほとんど使うことができなかったインドやカンボジアなどの開発途上国であり、６ピコグラムになっています。東欧諸国の体内濃度は19～17ピコグラムであり、事件が起こった頃のウクライナ国民の体内濃度はもう少し減衰して15ピコグラム程度になっていると仮定します。アムステルダムの大学教授の６千倍説を採用すると、ユーシェンコの体内ダイオキシン濃度は９万ピコグラム／グラムということになります。この値に蓄積脂肪量の20キログラムを乗じると18億ピコグラム、すなわちユーシェンコが暴露したダイオキシン量は１・８ミリグラムということになります。この値を記憶に留めておいて、油症患者が初期症状を発症したときの暴露量を思い出してください。ユーシェンコが暴露したダイオキシン量は、油症患者が初期症状を発症した最大暴露量の１・７４ミリグラムに近似していることに気づかれるでしょう。この油症患者は毒入りの米ぬか油を食べて発症し、その後もそうとは知らずに食べ続けて人類史上最大のダイオキシン暴露者になったのです。ユーシェンコが暴露したダイオキシン量は確実にあばた面にする最低暴露量に限りなく近いことが分かります。

以上のことを踏まえてこの暗殺未遂事件の核心に迫ることにします。ズバリこの事件の首謀者は誰かですが、その前にいくつかの課題を一つずつ片づけなければなりません。事件発生当初は毒を盛られたという無惨な風貌のユーシェンコの告発もあって、ヤヌコビッチ陣営を支援するロシアの旧KGB保安局の仕業であろうとウクライナ国民の多くが考えたようです。仮にヤヌコビッチ陣営あるいはロシアが首謀者であるとして、暗殺が目的であるケースを考えてみましょう。

世界でダイオキシンに暴露した人は数百万人、ベトナム戦争時に枯葉剤を撒布した米軍兵士や農薬製造工場の事故による高濃度暴露者数十万人が報告されていますが、未だかつてダイオキシンによって亡くなったという人は1人も確認されていません。日本では60年代に5千人ほどの人が農薬で命を失っていますが、ダイオキシンを含む有機塩素系農薬で亡くなった人は存在せず、すべて致死毒性の強い有機燐剤によるものです。農薬で亡くなった人の9割以上が自殺によるものであり、この方々はダイオキシンが混入した有機塩素系農薬では死ねなかったか、あるいは死ねないことを知っていたことになります。このことは人類史上2番目に多いダイオキシンに暴露したユーシェンコがその後も何の後遺症もなく政治の国際舞台で活動していた事実をみれば納得できます。暗殺が目的ならば致死量も不明なダイオキシンを暗殺のプロが使うはずはありません。

それでは体調を狂わせて選挙戦から撤退させる目的であったというのはどうでしょうか。

しかし、これも無理です。ダイオキシンによる主な症状は塩素ニキビに代表される一過性の皮膚症状であり、選挙戦を離脱させるようなダメージを与えることはなさそうです。それはユーシェンコを見れば分かります。また、ダイオキシンは体に長く滞留します。このことは証拠試料が被害者の体に残ることを意味します。このような物質を暗殺のプロは使わないでしょう。要するにヤヌコビッチ陣営による可能性は限りなく低いことになります。

それではユーシェンコ陣営あるいは米国の首謀説はどうでしょうか、まず犯行に使われたダイオキシンの入手経路を考えることにします。この事件でユーシェンコが暴露したダイオキシンは2、3、7、8－TCDDです。この化学物質はダイオキシンの中でも最強の毒性があることから主に米国で徹底的に研究されています。このダイオキシンの性質を熟知し純粋なものを提供できる国は米国ぐらいだろうと考えられます。

次にユーシェンコの暴露量ですが、これはざっくりした推定量で油症患者が初期症状を確実に発症する最小暴露量に近いものでした。うがった見方をすれば、確実に衆目を引き付けるあばた面にする最小量を摂ったことになります。それだけ絶妙な暴露量です。ダイオキシンは極微量で毒性を発揮しますから、この絶妙な暴露量は偶然の結果とは考えにくいようです。ユーシェンコが１回で１・８ミリグラムのダイオキシンを摂ったか、あるいは何回かに分けて摂ったかは不明ですが、いずれにしても毒性と量的関係を熟知した者が関与したはずです。

最後に結論を出す前にこの暗殺未遂事件で誰が得をして、誰が損をしたかを考える必要もあります。これは大統領選で逆転勝利を勝ち取ったユーシェンコ氏が利を得たことは確かです。彼は毒を飲んで人目を引くあばた面になったおかげで民衆の支持を引きつけ、障害そのものは一過性の皮膚炎になっただけで後遺症も出なかったようです。私は彼の現職大統領時代に東京にあるウクライナ大使館に電話で近況を尋ねたことがありますが、何の異常もないとのことでした。事件発生当初の不可解な矛盾に満ちた記者会見の内容は、陰謀に満ちた冷徹な国際情勢下での出来事の一コマであることを想起させます。しかし、この事件で明らかにされた化学的知見は事実であり、それらを総合するとこの事件は米国が絡んだユーシェンコ陣営の自作自演の可能性が高いと思われます。

ユーシェンコ大統領の敗北

ユーシェンコが大統領に就任した5年後の09年末に大統領選挙が行われました。この選挙では現職大統領も含めて18人の候補者が乱立しました。この候補者の中には5年前にユーシェンコに毒を盛ったと疑われたヤヌコビッチや現政権で首相を務めているキモシェンコ女史も現職大統領に反旗を翻して立候補しています。日本のマスコミもこの選挙に関心を示して断片的な報道をしました。日本のマスコミが関心を寄せたのは5年前の騒動の再来を期待したに他なりません。国連はオレンジ革命の再来を警戒して欧州選挙監視団を派遣して選挙戦に不正がないか監視を続けました。その結果、現職大統領のユーシェンコは獲得投票数上位5位、投票獲得率6％と惨敗に終わり、早々と選挙戦から退きます。現職の大統領がこれほどの大敗をすることは異例です。とりわけ5年前の大統領選で毒を盛った極悪人と糾弾されたヤヌコビッチが獲得投票数1位になったことから国民の意識が大きく変わったことを印象づけます。それは現職大統領の政治力の稚拙さもさることながら、5年前の大統領選挙でまんまと騙されたという苦い思いがヤヌコビッチへの贖罪となって現れたともとれます。候補者が乱立したこともあり、ヤヌコビッチの獲得投票数は35％と過半数に達しなかったため、翌年2月に上位2位のヤヌコビッチとキモシェンコの間で再選挙が行われることになりました。2月10日に選挙が行われ、ヤヌコビッチが3・4ポイントと僅差で大統領に就任しました。彼の大統領就任時の言葉は「長く待った」でした。

一方敗北したキモシェンコは5年前のオレンジ革命と同じようにまたしても選挙に不正があったと告発します。ところが国連の選挙監視団は選挙に不正はなかったという見解を表明しました。キモシェンコが執拗に選挙の不正を訴えた背景には日本も少なからず関係しています。

日本は97年の炭酸ガス温暖化に関する京都議定書に調印して炭酸ガス排出権を購入するため開発途上国に1兆円の予算を組むことを表明し、これを実行します。このようなことはどこの国も行っていません。中国など開発途上国は降って湧いたカーボンチャンスに沸き返ったと聞きます。ウクライナもその例外ではなく、キモシェンコは炭酸ガス排出権の売上金250億円ほどを使途不明にした罪で司法当局から拘束される運命にありましたから、これから逃れるために何としても大統領になる必要があったのです。彼女はその後収監されましたが、14年2月のヤヌコビッチ政権を倒したクーデターにより牢獄から解放されます。自由主義を標榜する彼女は見かけとは異なり、首相時代に職権を乱用して巨万の富を得たとされています。再び大統領選に出馬しましたが、あえなく落選しました。

　このクーデターには米国が関与しており、ロシアのプーチン大統領は直ちにクリミア自治区の住民投票を行い、クリミアを独立させました。クリミア半島はロシア唯一の冬も凍らない不凍港であり、歴史的にもクリミア戦争など多大な犠牲を払ってオスマントルコや英仏連合軍から死守してきた地政学的に最重要な地点です。54年にこれをウクライナに帰属させたフルシチョフ首相も、まさかソ連から離脱するとは想像だにしなかったのでしょう。今ウクライナがEUに加盟するとグローバル資本主義の餌食にされ、国内は今以上に困窮するという指摘があります。それにしても米国の執拗なロシア包囲網の圧力は不気味です。

第10章 大いなる疑惑

高裁で暴かれた不正

ダイオキシン法の制定に向けて長年に及んで数々のダイオキシン特集番組を企画し、マスコミ界をリードしてきたテレビ朝日の集大成ともいえるクライマックスが、99年2月1日に放送されました。朝日新聞の83年11月の関西ゴミ焼却炉からのダイオキシン検出報道以来、反ダイオキシン運動のリーダー役を一貫して演じ、この特集番組がまさしく17年間の集大成とでもいうべきものでした。この放送を契機にTR氏が率いる国民会議をはじめ、3野党が申し合わせたように一斉にダイオキシン法案を国会に提出しました。そして、ほとんど議論も行われないままにダイオキシン法は可決されます。誰もがダイオキシン法の制定に向けたシナリオ通りにことが運んだと関係者は祝杯をあげたと思われます。唯一の誤算は、テレビ朝日の特集内容に対して所沢の野菜栽培農家から強い抗議が起こったことです。この抗議はやがて裁判にまで発展し、単なる農家の風評被害に止まらず、全国で勃発した反ダイオキシン運動の根幹を考え直す機会をもたらします。

テレビ朝日の放送とは、ダイオキシン特集番組「所沢の野菜は安全か」です。この特集番組がダイオキシン法制定に向けたものであることはもとより、その放映内容はヤラセ番組とでもいえるほどの疑惑に満ちたものでした。この番組に対して所沢の野菜農家から抗議が起こり、やがてテレビ朝日と分析データを公開した民間の環境総合研究所とその所長のＡＴ氏を相手取って「謝罪広告等請求事件」裁判が始まります。この裁判は最高裁まで争われ、最終的には農家側が実質的に逆転勝訴を勝ち取ります。この裁判についてはソシオ情報シリーズの『情報の「ウソ」と「マコト」』[43]などに詳述しています。この裁判では煎茶と野菜の取り違いが争われたと一般にはとらえられているようですが、その評価は正しくはありません。この裁判は、全国を震撼させたダイオキシン学者、それを支援する市民運動団体、そしてそれを喧伝して世論誘導を行ったマスコミが裁かれるという衝撃的な内容であったのです。

この裁判の主役は、テレビ朝日が証拠資料として提出した白菜を分析した当時摂南大学のＭＨ教授です。ＭＨ氏のこの白菜の分析データが最高裁の判決を決定づけたのです。同氏は、これまで数々の驚くべき分析データを公開して反ダイオキシン運動を牽引してきたカリスマ的存在です。最高裁の判事は同氏が提出した白菜の分析データそのものを素性が知れない代物として証拠資料から排除します。データそのものの信憑性を問う前に分析試料の存在そのものが否定されたのです。この事実は、この白菜を分析し証拠資料として提出した同氏そのものが司法の場で否定されたと受け取ることができます。MH氏は反ダイオキシンの市民運動の先導者という側面と、国のダイオキシン対策を決める専門委員というマッチポンプを演じてきた人物です。この人物が提出した証拠資料は第一、二審の判決を決定する最重要資料として高く評価されていました。ところが、最高裁では一転してこの資料の欺瞞性が暴かれ、この本人そのものが否定されかねない事態になったことは重大です。同氏がこれまで市民運動を煽動してきた根幹そのものが否定されかねないからです。テレビ朝日の特集番組とはいかなるものであったか、その内容を紹介します。

▦テレビ朝日の敗北

テレビ朝日の敗北とは、埼玉県所沢の野菜栽培農家がダイオキシンの特集番組によって風評被害を受けたとして全国朝日放送株式会社（テレビ朝日）を告訴した「謝罪広告等請求控訴事件」の最高裁判決です。

この裁判は、一、二審の地方裁判を経て三審の最高裁まで進みました。

第一審は、所沢野菜農家376人が1999年2月1日にテレビ朝日が放映した「ニューステーション」の、ダイオキシン類問題の特集番組によって野菜の価格が暴落して経済的被害を受けたとして、テレビ朝日と同社代表取締役、さらに同番組に出演して所沢野菜のダイオキシン濃度を公表した株式会社環境総合研究所及び同代表取締役AT氏を被告として告訴したものです。この裁判は埼玉地方裁判所で争われましたが、２００１年5月15日に原告の農家の敗訴という審判が下りました。

第二審は、東京高等裁判所で行われ、41人の訴訟で争われましたが、一審と同じく原告の敗訴となりました（02年2月20日）。

第三審では、上告人は28人までに減りましたが、第一、二審で採用された〈重要資料〉について、「それが真実であることの証明がなく、信用性のない調査結果をもって事実であるとした原審の判断は、明らかな法令の違反がある」という審判が下されました。そして「名誉毀損の成否等についてさらに審理を尽くす必要から、原審に差し戻す」という判決が下ったのです。事実上の農家側の逆転勝訴です。

ここでいう第一、二審で採用された重要資料とは、先に述べたMH氏の研究室で分析したという調査結果です。この裁判は、単に農家の風評被害という問題に止まらず、わが国の環境対策、とりわけ「ダイオキシン法」制定の原点にあるダイオキシン情報そのものに対して疑念を浮上させたという点で重大な意味があります。

テレビ朝日ニュースステーションの特集番組内容

99年2月1日に放送されたテレビ朝日・ニュースステーションのダイオキシン特集内容のあらましは次のとおりです。放送は「所沢ダイオキシン農作物は安全か？」というタイトルで始まり、放送時間計16分、前段は録画映像で、後段はスタジオで構成されています。

■前段内容

【国会質問】録画映像は、国会予算委員会（99年1月29日）で大野由利子議員が中川農水大臣に「市民の間で所沢の野菜に対する非常な不安が広がっている。」と訴える場面から始まります。すかさずニュースキャスターの久米宏氏が「農水大臣はこれから調べたいと答弁している。ひどい。信じられないような答弁です。」とコメントを挟む。

【デモ行進】次いで、所沢の駅前で行われた〈STOPダイオキシンデモ行進〉の場面が放映。どくろの帽子をかぶって、ほうれん草を振り上げた女性A氏が演説。「**皆さんは所沢のほうれん草を召し上がっていらっしゃいますか。**はっきり申し上げまして、**私の家族は食べておりません。**」（以下太字部分テロップ）

そして、デモ参加者が一斉に「**安全な野菜を食べたーい！**」「**安全な野菜を食べたー**

い！」というシュプレヒコールを起こし、同内容（太字部）がテロップに写し出される。
次いで、所沢市議の安田敏男氏の演説「過日所沢市の農協**ＪＡがダイオキシン調査をしました。しかしそれを公表しないのであります。**」

「**情報を隠すな！**」「**情報を隠すな！**」というシュプレヒコールとテロップ。

【焼却炉と畑】場面は移って焼却炉と周辺の畑へ。畑の説明をする農家の女性と男性。
女性「これなんかも、この白いのもみんな灰ですよ。これ、ほら、ほら、ほら。」、男性「白菜というのはずっとこう広がって、最後はこう巻くわけ、すると広がっているときに灰が降りてくると、そのままずっと巻いちゃうわけだ。」。このとき、「**野菜の内部に灰が入り込む。**」をテロップで写し出す。

【説明会】場面は〈データ隠し事件の説明会〉に移る（98年9月）。「**高濃度のダイオキシンが測定された――所沢市西部清掃工場**」「**排煙中のダイオキシン濃度……。**」というテロップとともに、「市がそのデータを隠し続けていたことが発覚したその濃度とは、日本の緊急対策の１５０倍、ドイツの規制値の実に12万倍という桁はずれの高濃度であった。」とナレーションが入る。

　説明会の場面では、「**所沢市によるデータ隠し説明会**」というテロップが写し出され、市民「言っていることと、やっていることが全然違う！」会場拍手、市長「改めまして心からお詫びを申し上げるところでございます。」と発言。

ここで、茶畑農家を営む男性Ｂ氏登場。「農作物のダイオキシン調査をして販売不能なら速やかに補償を！」と訴え、会場拍手、同内容がテロップに流れる。

市の経済部長「ＪＡ農協が日本食品分析センターに分析を依頼しており……まもなく報告が出ると思うんですけども。」、市長「迅速な情報公開と、さらに開かれた市政の推進のため……。」と発言。

【ＪＡ】流れはＪＡ所沢農協の分析値公開要請に話が移り、「ＪＡからは何ら回答がない。」「**怖い数値かもしれない。**」「**所沢の野菜は食べにくい。**」「**地元の野菜は買わない。**」という発言とテロップが流れる。

市民「どうしてデータを教えてくれないんですか。」。職員「私がお答えする立場にはありません。」。再び男性Ｂ氏「開示しないんですね。余計不安とか不審とか強める一方ですよ。**現実に不買運動とか起きている……。**」。市民「**ＪＡは農家を守ってくださいよ！**」。

【市民集会】話は再び農家に移り、「去年開かれた市民集会で、ある農家からショッキングな報告がされた。」とナレーションが入る。市民集会の農民の発言、「私たちがつくったものを誇りを持って売りたいと思っているのに、こんなに汚れた空気を吸って生きていたら、私たちも野菜も長生きできません。家族での話し合いの結果、２人の息子たちのどちらにも**農業は継がせない**ことになりました。」。

【松崎氏の意見書】ナレーター「市民や農家が心配するなか、去年10月、衝撃的な意見書が公表された。」発信者は化学物質研究の第一人者松崎早苗さん。いわく「埼玉県所沢市の汚染レベルは農業をしてはいけない数値です。」。

松崎氏講演で「実際に所沢などを測定しますれば、基本的に、あのー、農業は禁止です。」。

松崎氏へのインタビュー場面では「**取りあえず農業をやめるべき。**」「**農業ができる状況かどうか調べるのが科学的。**」というテロップが流れる。

【フランスの事例】フランス・リール市の焼却炉閉鎖と補償についての取材内容放映。

【再び茶畑】再び茶畑の男性Ｂ氏にマイクが。Ｂ氏「**お茶にダイオキシンが入っているのでは……という問い合わせがあった。**」「**（補償）を要求するなり対策を講じるのが当然。**」という主張がテロップとともに流れる。

以上が前段の概要。詳細は、「99年（ワ）第１６４４７号謝罪広告等請求事件・判決要旨――別紙４」を読んでいただきたい。しかし、初手から「所沢ダイオキシン農作物は安全か。」というタイトルに効果音と衝撃的な映像。デモ行進、行政・ＪＡ＝情報を隠す悪人のイメージ、農業ができない汚染レベル、そして「補償を！」と続く放送内容は、前段において視聴者に所沢という地域をどのようにイメージさせたでしょうか。

あの当時、全国レベルの汚染度も定かではない中で、ＪＡが野菜のダイオキシン濃度を公表したならば消費者の不安や風評被害はもっと悪化したでしょう。ＪＡの対応は誤ってはいなかったのです。結果的には生産者も、また消費者も守ったことになります。

■後段内容

【スタジオ】久米氏が株式会社環境総合研究所のＡＴ氏を、５年前から所沢の汚染を調査していると紹介し、そのとき「この特集では何回も、あの、お手数をかけて、取材にご協力いただいて……。」と発言。

久米キャスターは、市役所やＪＡは汚染の実態を調査しているがそれを隠していると述べた後、「今夜はＡＴ氏の研究所で調査をした値を発表……、えーこういう、調査の結果、数字が出ました。」。

テロップに〈野菜のダイオキシン濃度〉が紹介される。

野菜のダイオキシン濃度

全国（厚生省調べ）：0～0・43ピコグラム／グラム
所沢（環境研調べ）：0・64～3・80ピコグラム／グラム
※ダイオキシン濃度は毒性が最強の「2、3、7、8－TCDD」への換算値、1ピコグラムは1兆分の1グラム。

続いて、テロップの内容を久米氏が説明。「えー、これが、一番上が全国の厚生省調べ。グラム中のピコグラムのダイオキシンの量を示しているんですが、所沢1グラムあたり0・64～3・80。この野菜というのは、これはほうれん草と思っていいんですか。」
AT氏「ほうれん草がメインですけれども、葉っぱ物ですね。」
久米氏「葉物野菜？」
AT氏「大根の、あの、葉っぱ物ですね、根の方はありません。」
久米氏「これはどの程度ひどいんですか。」
AT氏「まあ10倍、所沢は大気汚染は日本平均の4～5倍高い……、日本が諸外国より10倍くらい高い……。」
久米氏「今の話をフワッと聞いちゃったんですが、……中略……。」
AT氏「世界レベルからみると、所沢の野菜は、ダイオキシン濃度は100倍高いということでもないのですけれども、やはり、……突出して高いですね。」
久米氏「これは、食べると危険なんですか。」
ＡＴ氏「えー、まー、ＷＨＯというですね世界保健機構が去年の春に１日の摂取量[44]というのを、厳しいのを出しました。１ピコグラム。子どもさんが、40キログラムぐらいの子どもさんが、例えばほうれん草をですね、20グラム位食べると、その基準値にほぼ達しちゃうと。高いものを食べた場合にはですね。低いものでもやっぱり１００グラム位食べるとですね、ＷＨＯの基準に軽く及んじゃうということですから、まーあの、あまり安全とは言えないですね。」
このときの画面には、**「ＷＨＯの１日摂取許容量……体重１キログラムあたり１〜４ピコグラム」「体重40キログラムの子ども……約10〜40グラムでアウト」**というテロップが。
ＡＴ氏、渡辺キャスターの「営業妨害……。」に言及して「風評被害じゃなくて、実際の被害を受ける可能性が……。」と自説を展開。
久米氏「わかりました。数字をありがとうございました。ＪＡは調べても数字を発表しない。農水省はこれから調べるなど寝ぼけたことを言っております。実際の数字は、以上のとおりです。ありがとうございました。」

特集番組の虚構

■最高値は加工食品

以上が、所沢農家が訴訟を起こす原因となったダイオキシン特集番組の概要です。前段の効果音を交えた衝撃的な映像に、後段の野菜のダイオキシン濃度が最後のトドメを刺しました。それは、その後所沢農家が受けた被害で明らかです。この放送により所沢産だけでなく埼玉県全域の野菜価格が暴落して被害総額は5億円に達したともいいます。しかし、この放送内容が事実であり、国民の健康を守る上で必要であったならば公益に値しますが、この放送には〈虚構〉があったのです。

虚構とは、所沢野菜のダイオキシン濃度としてテロップに示された値は、野菜だけのものではなかったのです。加工食品の煎茶が含まれるという背信が行われていたのです。しかも最高値の3・80ピコグラムは煎茶でした。

埼玉県が同放送内容を重大視し、資料の提供を環境総合研究所に求めたことによって、この事実が初めて明らかになりました。放送後の2月17日に環境総合研究所が本件放送のもととなった中間報告書を提出し、埼玉県がこれを公表しました。ニュースステーションもこの事実を認めて同日の放送で、所沢のほうれん草生産農家に迷惑をかけたことを謝罪します。

その後、野田郵政大臣はテレビ朝日に対し、報道に不正確な表現があったとして厳重注意する行政指導を行ないます。虚構の放送で被害を受けた所沢野菜栽培農家や茶畑農家が告訴するのは当然でした。

■奇跡でも起こらなければ有り得ない民間研究所が公開する分析データ

1850年代に遺伝の法則を樹立したオーストリアのメンデルが、実験データを改竄していたという有名な話があります。彼はエンドウ豆の雑種一代を掛け合わせて赤い色と白い色の花の比率から遺伝の法則を導いたとされていますが、後になって著名な統計学者によってあまりに数値が理論に附合しており、そのようなデータは数十万回に1回しか起こらない、事実上有り得ないことが証明されました。当時は理論先行で、実験結果は捕捉にすぎなかったという時代背景があったといわれています。このような例を持ち出すまでもなく、さまざまな情報が容易に入手できそれを加工できる時代にあっては、科学者によるデータの改竄や論文の剽窃などは頻繁に起こっています。話を所沢産野菜のダイオキシン分析結果に戻します。

埼玉県の抗議によって環境総合研究所が公表した野菜や煎茶のダイオキシン濃度（ピコ

グラム／グラム）は次の通りです。

ほうれん草（4検体）…0・635、0・681、0・746、0・750ピコグラム／グラム

大根の葉（1検体）…0・753

大根の根（1検体）…未公開

煎茶（2検体）…3・60、3・81

この民間の研究所が公開したほうれん草の平均濃度0・703ピコグラム／グラムがいかに異常なものであるか、99年2月に農林水産省、厚生省（当時）、環境庁（当時）の三省庁が合同で測定した所沢産野菜のダイオキシン濃度0・008〜0・18ピコグラム／グラムは、平均0・051ピコグラム／グラムの14倍にもなります。数多い分析試料の一つが偶然誤差により高い値を示したのであれば理解することもできます。しかしそのような場合は偶然誤差を考慮して高い値と低い値をデータから取り除くのは分析者の鉄則です。公開された試料7検体のすべてが、三省庁が分析した最高値を4倍ほども上回っています。このようなことは奇跡でも起こらなければ確率的に起こり得ず、分析の経験があるものな

らば、誰でも何か操作が行われたと考えるでしょう。また、大根の根の部分の分析データが公開されなかったのも意図があってのことと思われます。水に溶けないダイオキシンは根からはほとんど吸収されず、イモ類など地下茎のダイオキシン濃度は限りなくゼロに近いことが専門家の間ではよく知られており、これを公開すると野菜のダイオキシン濃度の下限値がほとんどゼロになり、インパクトに欠けるために除いたと推測されます。大根はわが国で消費量が最も多い代表的な野菜です。久米氏との葉っぱもののやり取りの目的は、大根の根の部分は含まれていないことを視聴者に知らせるための演出とみなさなければなりません。

一、二審では煎茶と野菜のすり替え問題が専ら審議されましたが、この分析データの信頼性について裁判では論じた形跡が見つかりません。そうだとすればこれは手落ちではないでしょうか。この民間の研究所はダイオキシン分析を仲介するブローカーであり、分析そのものはカナダの民間会社に委託しています。この特集番組で久米氏が冒頭に「今夜はAT氏の研究所で調査をした値を発表」という説明も真実を伝えたことにはなりません。なぜなら、同研究所が調査した事実はないからです。環境総合研究所や所長のAT氏に対する上告が最高裁で却下されましたが、これは真実を解明する上で大きな誤りです。なぜならこの研究所が公開した突出した分析データはこれだけではないからです。カナダの分析機関も含めて事実を解明するべきでした。

■AT氏の詭弁

裁判ではAT氏が煎茶を「葉っぱもの」と称してあたかも野菜であるかのように視聴者に思わせたことが問題になりました。なぜ分析試料名を公開しなかったのか。野菜はたかだか2種類の6検体です。あのテレビ表示ではかなりの数の試料が分析されたと人は受け取るでしょう。なぜなら、久米氏は番組の中で同研究所は5年に及んで所沢のダイオキシン汚染を調査してきたと述べているからです。

AT氏はこれについて詭弁ともとれる答弁をしています。まず、分析試料提供者が市民運動家に限定したことについて、試料提供を呼びかけたが提供者が現れなかった、と答えています。また、分析試料名を公開しなかった理由として、分析依頼者の承諾を得ていなかった、と答えています。ここで試料提供者が「分析依頼者」にすり替えられています。情報公開を盛んに訴えてきた運動家がそれを拒絶するはずはありません。それでは、なぜその場面で野菜だけでなく煎茶も含まれていることを告白しなかったのか、という問いかけに対してAT氏は久米キャスターが「これはみなほうれん草ですか？」と尋ねたときに葉っぱものと答えることで久米の質問を否定したと呆れるような答弁をしています。また、彼は放送前に充分な打ち合わせができなかったとも答えていますが、番組の中で久米氏はＡＴ氏に対して「この番組制作では何度もお手数をかけて……。」と述べているからこれもごまかしです。ましてや、この分析データの公開はこの特集番組のメインになる場面です。また、ＡＴ氏は番組スタッフに試料提供者や品目名を明言しない約束をしていたと答えています。とすると、テレビ局側もすべて了解した上での国民を欺く放送であったことになります。それは公開された3種類の試料のうち1種類は三芳町産であり、一つは野菜ではなく煎茶であったにもかかわらず「所沢産の野菜は安全か」と題する特集番組を組んだことでも明らかです。しかし、この資料公開に関するＡＴ氏の矛盾に満ちた答弁は一、二審では不問にされました。

■科学力の欠如

特集番組のなかで番組スタッフとＡＴ氏が視聴者に対して虚偽をはたらいた核心部分があります。それは、ＡＴ氏がＷＨＯがダイオキシンの耐用1日摂取量1～4ピコグラム／キログラム（体重）を勧告したことを説明した後で、「体重40キログラムの子どもが、多い方でほうれん草を20グラムも食べればこれを軽く超えてしまい安全とはいえない。」と述べ、テロップに10～40グラムでアウトと表示した部分です。研究所が公表した分析値が仮に正しいとしてほうれん草の上限値0・750ピコグラム/グラムを20グラム食べてもせいぜい15ピコグラムにすぎず、40キログラムの子どもがこのほうれん草から摂取する量は(15÷40)よりダイオキシンは0・375ピコグラム/キログラム(体重)にすぎません。当時の日本人が摂取していた2ピコグラム/キログラムを考慮しても摂取量は2・4ピコグラム/キログラムとなりWHOが勧告する4ピコグラムにはとても届きません。煎茶の値をほうれん草に見立てるとダイオキシン摂取量は「(3・80×20)÷40+2・0」より3・9ピコグラム/キログラムとなります。AT氏は明らかに煎茶の値をほうれん草の上限に見立てるという虚偽を行っていることがわかります。

テレビ朝日はどうしてもここで大きな花火を打ち上げる必要があったと推測しています。なぜなら、この特集番組を受けて、ダイオキシン法制定に向けた最終イベントがスタンバイしていたのであり、このことは関係議員は早くから知っていたようです。それは、この放送を契機に3野党がほぼ一斉にダイオキシン対策法案を提出したことでも明らかです。よほど早くから準備しておかなければ法案は一朝一夕ではできないからです。

AT氏は明らかに煎茶をほうれん草にすり替えたのであり、ここで自ら虚偽を露呈したのです。しかしこれもまた裁判では不問にされます。

■白菜汚染を正統づけた放映内容

特集番組の中で白菜農家が登場する場面があります。農家の主婦が焼却灰が畑に落ちていることを指摘している横で取材記者がこんな大きな灰も落ちていると囃し立てています。農家の主人らしき人物が、白菜ははじめは葉を開きその後丸くなって成長するから、丸くなる前に灰が降り注いだら、もはやそれを取り除くことはできないと解説し、そのことがテロップでも強調されました。これが下地になってか、後にMH氏の白菜が裁判の主役を演じることになりましたから何とも不思議です。この放映内容が、白菜の高濃度汚染を正当付け、一、二審の誤った判決を導く要因になった可能性があります。

しかし、白菜やキャベツを半分に切った時を思い出してほしい。野菜の球の内部に土埃などを目にしたことはあるでしょうか。私たちが日常食している野菜の多くは幼弱な芽の段階のもので、キャベツや白菜も丸まった芽の状態で肥大化したものです。白菜は畑で冬を越して春になるとやがて内部から茎が伸びて葉が開き、その上に菜の花が咲き、実を結びます。白菜の中央部分に土や塵埃が入り込む余地はないようです。

分析試料入手経路の疑惑

分析試料のサンプリングが適切であるか否かは分析結果の信頼性を左右する重要な要素

です。ましてや社会的影響の大きな試料を分析するにあたっては、サンプリング処理だけでなく、その入手経路についても公明正大でなければなりません。ところが、裁判で明らかにされた分析試料の入手経路は、研究所を冠する組織が行うようなものとはほど遠いものでした。

それでは分析試料はどのような経緯で入手したのか。試料提供に2人の人物が関わっています。いずれも特集番組の前段で主役的役割を演じた人物です。

1人は、〈STOPデモ行進〉の先頭に立って、どくろの帽子をかぶりほうれん草を振りかざしながら演説したあの女性A氏です。緊急災害防止法の適用を求める請願書を、首相や環境庁（当時）・厚生省（当時）に届け、市長の背任行為の取締りを総務庁の行政監察局に求め、ついには数多くの無念の死をもたらしたと所沢市長を刑事告発、またWHOに緊急医療団の派遣を要求する「組織」をつくるなど、活発に反ダイオキシン運動を進めてきた市民運動家です。ある環境問題研究家は、「ギターを弾きながらその歌（戦争でもないのに）を唄う彼女の姿は、かつて60年代に「反戦」を唄ったジョーン・バエズを彷彿とさせる。」と著書に紹介しています。

もう1人の人物は茶畑農家を営むB氏。特集番組で三度の場面に登場、97年の説明会での発言から始まり、情報公開を求めるJAとの交渉、前段の最後を飾る「補償」を訴える場面などです。B氏はMH氏の信奉者とみえ、後で述べる茨城県龍ケ崎市の城取清掃工場周辺住民の血液検査について厚生省に抗議を行うグループの1人でした。A、B両氏ともMH氏とは太いパイプがあるようで、MH氏の著書の執筆者になっています。

ところで、最大の関心事である煎茶は、B氏が98年11月に採取した生茶からつくったものを検体として提供したといいます。

ほうれん草はA氏が所沢の「無人販売所」で直売しているものと、B氏が自家栽培したものを、大手町にある某銀行の会議室でAT氏に手渡したといいます。ダイコンは、A氏が三芳町内の農家で栽培されたものを入手しAT氏に直接手渡したものであるといいます。A氏がAT氏に手渡したという試料は、誰がどこでどのように栽培したものか、素性がはっきりしていません。

ここで善良な市民運動家である両氏のことを云々するつもりは毛頭ありません。しかし、研究所の所長であるAT氏は、分析試料の採取は「厳密」な条件下で行わなければならないことは先刻ご承知でしょう。5年に及んで所沢のダイオキシン汚染を手がけてきた研究所が、たかだか野菜の試料の入手に苦慮することは考えられません。ましてや、真実を極めようとしたならば、試料の提供をダイオキシン汚染を訴える人々にのみ依頼することは研究所の所長として適切な行動とはいえません。研究所の所員が直接JAの販売所に出向いて素性の定かな野菜を購入すれば済む問題です。このような奇妙な試料の入手経路が明らかにされたのは法廷の場であり、はたして真実か、苦肉の答弁ではなかったか。それほどに理解しがたい試料の入手経路です。テレビ朝日がこの事実を確認しないで放送したとしたらこれほどの手落ちはなく、また知っていたとしたら確信犯ということになります。

▩論争のすり換え

加工食品の煎茶のダイオキシン濃度3・80ピコグラム／グラムを「所沢産の野菜」の最大濃度として公表した放送に重大な虚偽があったにもかかわらず、一、二審の裁判官はある〈重要試料〉を採用して、これに免罪符を与えました。

重要試料とは、摂南大学のMH教授の研究室が分析したというダイオキシン濃度3・4ピコグラム／グラムの所沢産白菜です。しかも、これはダイオキシン類のコプラナPCBを含まない値で、これを含めると3・74～4・42ピコグラムになると指摘しています。

そして、次のような審判を下しました。

「3・80ピコグラムは所沢産の煎茶から検出されたものであるから事実とは言えない。しかし、3・80ピコグラムを超えるダイオキシン濃度を示す検体が、被告研究所が調査した所沢産野菜であるか、他の調査にかかる所沢産野菜であるかによって、一般の視聴者が所沢産の野菜の安全性に関して抱く印象は異ならないといえるから、被告研究所が調査した野菜から検出されたとの部分は主要な部分ではなく、『所沢産の野菜から3・80ピコグラムのダイオキシン類が検出された』ということがその主要部分を構成、且つこれが真実であることは上記のとおりである。」

要するに、放送で示した所沢産野菜のデータそのものは真実ではないが、他にそのような野菜のデータがあることから、放送された内容は真実だという奇妙な〈すり替え論法〉です。意外にも、放送内容が虚偽であるにも関わらず、それにはほとんど触れることなく放送で公開したものとはまったく関係のないデータの真実性が法廷で争われたのです。

そして、MH氏らが分析したという白菜について、第一審の裁判官は「マスコミ関係者が食料品販売店で購入してMH氏に調査を依頼したもので、MH氏らが受け取った当時、白菜に『所沢産』というキャッチコピーのラベルがつけられており、白菜の最外部の葉を二葉切り落として、残りの部分を使用したことが認められる。同白菜が所沢産でないことを疑わせる事情は存在しないから、同白菜は所沢産の白菜と認めるのが相当である。」と裁判官がその場面を見たかのような判定を下しました。これが決め手となって、第一、二審とも農家側の敗訴となります。

しかし、この白菜の分析値は、当時の厚生省調査による全国平均値を遥かに凌駕する異常に高い値でした。地表に降ったダイオキシンの大部分は表土に吸着しています。99年2月に三省庁が所沢の農地の表土を分析しています。その結果は1グラム当たり3・1〜21ピコグラム、平均7・3ピコグラム、同年に行った埼玉県調査では1・3〜6・2ピコグラム、平均4・3ピコグラムです。MH氏の白菜はまるで所沢の表土で塗り固めたとでも形容できそうな分析結果です。偶然にしても、たった1検体の試料の分析結果がこれほどまでに突出することは常識的に考えても有り得ないことです。一、二審は、このデータをもって所沢の野菜は他に比べて遥かに高いということの証と認めたのです。しかし、たった1検体の、しかも異常に高い値を、しかも検証されたことのないデータを証拠資料として提出するには理由があったのです。それはあの放送で煎茶をほうれん草と見立てて虚偽の危険性をアピールした不正が問われることになるからです。どうしても放送で公開した煎茶のダイオキシン濃度に限りなく近い野菜をつくり出さなければならなかったと思われます。しかし、この値はその後、物議を醸すことになります。

裁判を左右した重要証拠

①最高裁への上告

一、二審の敗訴を受けて、02年4月に最高裁判所に28名の農家による上告が行われました。上告申し立て理由は「放送内容はもとより、（株）環境総合研究所が検体として採用した試料の産地不特定データ（所沢の無人直売所などで購入したと称する者からの伝聞）の証拠能力の疑問性、MH研究室が分析したという白菜（素性が明らかにできないマスコミ関係者が、所沢のスーパーで買ったということ、購入年月日、当該量販店の住所及び名称不明）の経歴不詳データ、しかもダイオキシン分析を専門とする農業環境技術研究所の科学者が、科学的疑問を呈する不信データを採用した原審は非科学的であり、自由心証主義に基づく証拠法則を逸脱する違法がある。」というものです。原告団は当初の367人から28人にまで減りましたが、残った彼らを最高裁まで踏み切らせたものはAT氏はもとより、何よりもMH氏に対する強い不信感でした。

ところでなぜか第三審では、被告から環境総合研究所とAT氏は除かれ、テレビ朝日とその代表だけの告訴となりました。これをもってAT氏は勝訴したとホームページに謳っています。なぜ、同研究所と代表のAT氏が被告から除かれたのか。これは妥当な判決であったか疑問です。なぜならば、AT氏の発言には先に述べたようにいくつかの矛盾点があり、試料の入手経路、分析値の公開手法、何よりも煎茶の分析値をほうれん草にすり替えて、危機を煽るなどについて疑念が残されているからです。

② 逆転判決―差し戻し―

最高裁の判決は、一、二審とは一転した科学的に的を射たものでした。一、二審判決の非科学性を見事に切って捨てました。

すなわち「一般の視聴者は、『ほうれん草をメインとする所沢産の葉っぱ物』に煎茶が含まれるとは考えないのが通常」、「採取の具体的な場所も不明確な、しかもわずかな1検体の白菜の測定結果が、本件摘示事実のダイオキシン類汚染濃度の最高値に比較的近似していることの上記調査結果をもって、本件摘示事実の重要な部分について、それが真実であることの証明があるということはできない。」、「MH教授らによる上記調査の結果をもって真実であるものとした、……中略……原審の判断には、判決に影響を及ぼすことが明らかな法令の違反がある。」（イニシャル表記は引用者による）として本件を原審に差し戻す結果となりました。

疑惑の白菜

ＭＨ氏の研究室が分析したという白菜のデータが、ニュースステーションの特集番組の内容を正当づけ、ひいては「ダイオキシン法」制定の起爆剤となりました。しかし、ここにきて、この白菜に新たな疑惑の目が向けられてきました。

先に述べたように、ＭＨ氏らの分析結果は、全国平均を遥かに越える、常識では考えられない値です。最高裁への上告文にある「ダイオキシン分析を専門とする農業環境技術研究所の科学者が科学的疑問とするデータをもって、……。」とした科学的疑問とは一体どのようなものでしょうか。

①指紋は語る

中西準子氏（当時、横浜国立大学教授）は、環境に関わる有名なホームページ（中西準子のホームページ［雑感］）を作成して広く人々を啓発していました。このホームページの「雑感２３９」（03年12月9日）「白菜中のダイオキシン――ＭＨさんが証拠として裁判所に提出したデータを解析する――」（イニシャル表記は引用者による）に衝撃的なことが書かれています。詳しくはそちらを読んでいただきたいのですが、問題の白菜は「所沢産ではない。」というのです。

私たちが日常摂取しているダイオキシンの主体は、農薬起源です。それも60年から70年に多用されたもので、その時代の農薬に不純物としてダイオキシンが微量混入していました。ベトナム戦争で使われた際もこれと同じで、先進各国はベトナムの国土にばらまかれた量以上に除草剤として大量に使ってきました。ダイオキシン禍は70年頃が最悪で、人体の汚染度はその後年々低下――これは先進各国とも共通しているようです。

ダイオキシン類には200以上もの種類があり、各試料についてその分布を見れば、汚染するダイオキシンが農薬起源か、あるいはPCB、またはゴミ焼却起源であるかをある程度推測できます。農薬の種類によっても特徴的なダイオキシン類の分布があり、この分布は犯人を特定する指紋の役割を果たします。

中西氏は、MH氏が証拠資料として最高裁に提出した白菜の分析チャートを取り寄せて解析しています。それによると、MH氏の提出した白菜のダイオキシン類の指紋は、所沢の土壌にも、また大気にも存在しない、かつて見たこともないような異様なものであると指摘しています。このことは重大です。証拠資料として提出された白菜が所沢産でないばかりか、白菜の存在そのものを疑わせることになるからです。

ダイオキシンは、ジオキシンとフランの総称（これにコプラナPCBを加えてダイオキシン類という）ですが、ＭＨ氏のデータはジオキシンが97％を占めているという。ところが、所沢の大気中（ゴミ焼却由来）のダイオキシンはフランが90％、土壌は60％以上と、いずれもＭＨ氏の白菜とは対照的です。なぜＭＨ氏の白菜から、そのようなかけ離れた異様な結果が出たのか。その原因について、中西氏は慎重に推考しています。

中西氏の推測は、分析ピークの分離が悪いのではないかという。ＭＨ氏の分析データは、最強のダイオキシンである2、3、7、8－ＴＣＤＤがダイオキシン全体の82％を占め、この値があまりに高すぎると指摘する。通常このピークの直前に毒性のない4種のダイオキシンの大きなピークが現れるが、おそらくこのピーク面積を加算しているのであろうという。これらを修正すると、白菜のダイオキシン濃度は3・4ピコグラムではなく0・3ピコグラムになり、これでも多いから他にも数値を高くするようないくつかの処置をしているらしいと推測しています。さらに「分析にややなれた人はこういう馬鹿なことはしない。こういう問題に気付かないとすれば、よほど未熟な人だ。」と断言しています。

通常、極端に離れた結果が出た場合には、偶然誤差として分析値から削除します。ましてや、その結果が社会的に大きな反響を呼ぶ場合、研究者は試料を自ら採取してより慎重に再分析を繰り返すが、それでも高い場合、「本当だろうか。」、「どこか間違いはないだろうか。」と、自問自答を繰り返すものです。

②核心部分で高い分析値の怪

中西氏の推測が正しいとすると、ＭＨ氏らが分析した調査結果は、いずれも突出して高いはずです。ところが不思議なことに、ＭＨ氏の分析値はなぜか核心部分で高くなっています。一審で被告研究所が公開したほうれん草のダイオキシン濃度の妥当性をめぐって、証拠として採用されたＭＨ氏のデータがあります。

それによると、産地不明の生協市販品および滋賀県産のほうれん草は、１グラム当たりそれぞれ０・０７２、０・０６３ピコグラムであるのに対して、所沢産では０・７８５ピコグラムと被告研究所の公開値（平均０・７０３ピコグラム）に近似しています。これが、所沢産野菜は全国に比べ10倍の汚染度にあるという放送の妥当性を支持する有力な証拠にもなりました。もしも、ＭＨ氏の高い分析値が単にピーク解析のミスによるものならば、所沢産だけでなく全国値も高くなければなりません。ＭＨ氏のデータは、なぜか核心部分で突出して高く、対照区で低くなっているのです。

ＭＨ氏のデータには大きな疑念が残ります。なぜならばＭＨ氏によるデータが社会に投げかけた波紋はあまりにも大きく、しかもこれだけではないからです。

所沢野菜栽培農家の功績

それにしてもひどい話です。この特集番組による国民騒動を理由に矢継ぎ早に国費を垂れ流す社会システムのダイオキシン法が制定されてしまいました。

せめてもの慰めは、所沢の野菜栽培農家の方々がこの不法な報道に対して提訴したことです。この方々のお蔭で環境を隠れ蓑にした不正の一部が明らかにされてきました。この裁判では長嶋弁護士事務所の長嶋佑享氏が手弁当で奮闘されました。同氏から特集番組のビデオや判決文をお送りいただいた他、やはり弁護士の伊佐山芳雄氏からは裁判の速報版を送っていただきました。原告団は最高裁の調停を受け入れて和解交渉に踏み切りましたがこれは苦肉の決断でした。原告側は和解勧告を受け入れず、被告を相手取って徹底的に争う予定でした。具体的なことは差し控えますが、多少の行き違いがあり断念することになってしまいました。原告団代表の金子哲氏は霞が関のプレスセンターで記者会見を行い、名誉は回復されたとしてテレビ朝日との和解勧告を受け入れたことを報告しました。農家はしばしば天候不順により被害を受けており、この程度の風評被害には慣れている。お金が目的の裁判ではないとして、80年の三宅島の噴火により疎開した農家の復興にとテレビ朝日が支払った賠償金1千万円のほぼ全額を東京都に寄付されました。

金子氏は仲間とともに私の研究室を訪れた際に、「あの人物だけは許すことができない。」と和解を受け入れることで彼のことが不問になることだけは、何としても残念だと胸の内を語ってくれました。

コラム

タイムリーなＷＨＯの対応

ビタミンなどの栄養素や食品添加物などの摂取量上限を定めた1日許容摂取量（ＡＤＩ）という国際基準があります。この値は実験動物に対する最大無作用量に100倍の安全率を考慮して求めたもので、毎日一生涯これだけの量を食べ続けても体に影響は出ないというものです。このＡＤＩはほとんどあらゆる成分について適用されていますが、なぜかダイオキシンについては1日耐用摂取量（ＴＤＩ）というもので摂取量の上限が定められています。この名称の違いは一方は有益なものだが、ダイオキシンは害あって益無しであることによるという理解しにくい理由づけがされています。ところで、ＷＨＯは78年の米国のコシィバ博士らによる発がん性に関する動物実験結果からダイオキシンＴＤＩを体重1キログラム当たり10ピコグラムと決めました。これは、動物実験により無作用量を1、000ピコグラムから100倍の安全率を掛けて求めたものです。日本の厚生省も96年にこの10ピコグラムを採用しました。ところが、同じ年に環境庁（当時）はいきなりＴＤＩとして5ピコグラムを打ち出しました。縦割り行政を象徴する出来事でした。

98年にWHOのダイオキシン健康リスク評価部会はTDIの見直しを行います。そして同年12月末にTDIとして1~4ピコグラムに改定したことを正式に発表しました。先の10ピコグラムは曲がりなりにも動物実験による理由付けがありましたが、今回は明確な根拠がありません。あえてこの部会の報告書から根拠らしきものを拾うと「先進国のダイオキシン摂取量は3から1ピコグラムの範囲にあり、それも年を追うごとに確実に低下している。」という説明文が思い当ります。そして「終局の摂取目標を1以下に近づける。」としています。要するに、先進各国の摂取量がこの範囲にあるからこれをTDIに当てはめたという非科学的な理由で決めたことが分かります。なぜこの期に及んでWHOが強引ともとれる非科学的なTDIの見直しを行ったのか。この時代にダイオキシンに強い関心を寄せていた国は日本以外にはありません。WHOがTDIの見直しを発表したのは98年の12月であり、テレビ朝日の野菜報道番組で、この値が重要な決め手として使われたのがその1か月後です。このタイムリーなTDIの見直しが行われなかったとするとこの特集番組は成立しなかったのです。もしかしたら日本が何らかの形で情報を提供していたのかもしれません。

ところで、ダイオキシン学者のＷＴ氏が『アメリカ人の１千倍の生命危機にさらされている日本人』と書いた本[45]を出しています。この１千倍の生命危機の根拠は、米国ＥＰＡがダイオキシン摂取目標０・０１ピコグラム／キログラムと日本のＴＤＩの10ピコグラム／キログラムを比較したものです。ところで、この当時も、また今現在も０・０１ピコグラム／キログラムの基準をクリアする食事をしている米国人は一人もいません。不可能なのです。恐らく今も米国人は２ピコグラム前後の食事を摂取しているはずです。ＷＨＯやＥＰＡの報告を金科玉条のように掲げて国民を煽る意図はどこにあるのでしょうか。

第11章　ダイオキシン学者の分析データの波紋

第2の所沢にされた茨城県龍ケ崎

「茨城県のダイオキシン対策」と題した県会議員（井手義弘氏）が作成した興味深いホームページがあります。それには、「茨城県では焼却炉の改善、新設などにこれまでに1、063億円の税金を投入してダイオキシン対策を推進してきた。」と書かれています。そして、その導火線の役割を果たしたのがMH氏といいます。

導火線とは、98年6月に日本環境化学検討会でMH氏が公表した論文です。その内容は、龍ケ崎市にある城取清掃工場の周辺2キロメートル内に住む住民60人から血液を採取し、うち血液中のダイオキシン濃度の測定を行った男性13人、女性5人の結果です。これによると、最高で463ピコグラム（血液中の脂肪1グラムあたり）、平均値で男性が81ピコグラム、女性が149ピコグラムにも達しているというものでした。これがいつものパターンでマスコミに喧伝されて大きな住民不安が発生しました。井手氏はこの時の状況を次のように述懐しています。

「マスコミは、この論文を大きく伝えました。地元住民の不安の声は否応なく高まりました。『老朽化したゴミ焼却炉から排出される多量のダイオキシンや焼却灰や排水に含まれる高濃度のダイオキシンが、がんの異常発症の原因ではないか。』、多くの県民がこのような恐怖を抱いたのは当然でした。」

井手氏はさらに「一気に進んだダイオキシン対策」と題して次のように述べています。

「発表の仕方に若干の疑問が残りましたが、MH教授の発表は、茨城県や国のダイオキシン対策の導火線となったことは確かです。世論に押される形での、立法措置や焼却炉の改善、新設などに多額の税金が投入されていきました。」

これによって、焼却炉に特化したダイオキシン対策が全国的に進み、茨城県では、2億円もかけたダイオキシン分析施設も完成し、3名の専従のオペレーターを養成したといいます。それにしても莫大なお金をダイオキシン対策につぎ込んだものです。

井手氏らの要望により、県による城取清掃工場周辺住民のダイオキシン調査が行われました。ＭＨ氏の警告の裏付けをより確かなものにして、進めているダイオキシン対策をさらに促進させようとしたのでしょう。対象住民１２０人、焼却炉を中心に直径０～１キロメートル、１～2キロメートル、２～5キロメートル、5～10キロメートルの４つの区域に分けて調査しています。分析結果は、試料の一部をクロスチェックのためにドイツに送り慎重に解析しています。

その結果、最低４・１ピコグラム、最高２４・０ピコグラム、平均９・７ピコグラムとなり、各地域による違いは認められませんでした。要するに住民のダイオキシン濃度と焼却炉は何の相関関係もないという結論です。がん死の異常増加とされていることもダイオキシンとは何の関係もないことがわかりました。城取清掃工場周辺住民の血液中のダイオキシン濃度は当時の日本人平均（約20ピコグラム）の半分であり、なんら健康に影響を及ぼすものではなかったのです。県は検討委員会を開設するに当たりＭＨ氏にも委員の就任を要請しましたが、彼はこれを断っています。それにしても県の調査結果に対して、ＭＨ氏の報告は平均値で女性8倍、男性で15倍もの開きがありました。

「それまでの騒ぎは何であったのか。」ということを公言する人も出現したといいます。

分析データのからくり

03年になってから井手氏のホームページに厳しい意見が寄せられるようになったといいます。

「ダイオキシン対策の視点が古すぎる。」「あなたのような議員がいるから、あのような無駄な焼却炉がたくさんできたのだ。」「勉強不足のホームページは即刻閉鎖にするべきだ。」などなど。

そのような最中に『ダイオキシン――神話の終焉』(6)を知人から紹介され、読んでみて驚いたといいます。

「『終焉』を読み進んでいくうちに、私たち地方議員が進めてきたダイオキシン対策は、もしかしたら大きな失敗だったのか、とも思えるくらいの説得力がある本でした。……中略……MH教授の城取清掃工場周辺住民の血液分析結果が、未だに全部出されていないのも、こうした数値のトリックの延長線かとさえ思えるようになりました。」（イニシャル表記は引用者による）

それにしても、県の調査結果とMH氏の分析値との隔たりはどう理解したらよいのだろうか。井手氏は、さらに「分析データのカラクリ？」という見出しで次のように書いています。

「その当時から気がかりなことがありました。それは、城取清掃工場周辺住民の血液中のダイオキシン濃度を公表したMH教授のデータへの不信でした。……中略……採取したサンプルの全体像を公開しないで高い値だけを選りすぐって公表したのではないか、こんな疑問が残りました。」（イニシャル表記は引用者による）

■本格化する税金の投入

茨城県では、ダイオキシンガイドラインが市町村に勧告されてから2003年までに1千億円を超える税金が焼却炉に特化したダイオキシン対策に投入されました。しかし、「ダイオキシン法」は、排出基準を「当面の間」としています。この法律は、焼却炉から排出されるダイオキシンを限りなくゼロにする、そのために最新の超ハイテクの高額な焼却炉の新設を続けるというものです。茨城県が投入した1千億円は、ほんの序の口でこれから本格的に税金を投入しなければなりません。そんな世界に例のない法律を私たちはつくってしまったのです。

私たちが日常摂取しているダイオキシンは97％が食物から、それも農薬由来が大半を占めています。焼却炉だけに特化したダイオキシン対策の矛盾がそこにあるのです。バグフィルターを取り付け、集塵機を低温にするだけでダイオキシンの排出量はあらかた抑えることができます。焼却炉から排出するダイオキシン濃度を0・1ナノグラムからゼロにしても、私たちが摂取するダイオキシン量はほとんど減らないでしょう。税金を投入する経済効率・優先順位を考えなければなりません。

突出するダイオキシン分析結果に対するダイオキシン学者の言い分

ジャーナリストの日垣隆氏は、ＭＨ氏やＡＴ氏の環境総合研究所が分析するとなぜ分析値が跳ね上がるのか？　という疑問を著書に記述しています[46]。ＭＨ氏はこれまで突出して高い環境中のダイオキシンの分析結果を数多く報告してきました。茨城県が行った城取清掃工場周辺住民の血液分析データと同氏自身の分析データとの大きな違いなどについて著書に説明しています[47]。この本は99年8月初版ですから、同年6月の茨城県の住民調査結果[48]を受けてのものと思われます。これは所沢野菜農家訴訟で最高裁からＭＨ氏が提出した分析データが、素姓が知れない代物と却下される3年も前の執筆です。ここではＭＨ氏は自分の分析データの信頼性を強調しています。土壌中の濃度についてはサンプリングを理由にあげていますが、それだけであれほどの違いが出るでしょうか。大気については、所沢の野焼きを例にして、野焼きが行われていない昼間に分析試料を採取しても値が低く出るのは当たり前と述べています。しかし、龍ケ崎では日中に焼却が行われていたはずです。また、所沢ではMH氏自身が夜間の大気分析を行われたのでしょうか。血液分析では、MH氏は「クロスチェックが必要」という見出しをつけて読者に対して背信ともとれる主張をしています。

MH氏が分析した龍ケ崎の城取清掃工場周辺住民のダイオキシン濃度の最高値450ピコグラム／グラム（脂肪）は住民が先のAT氏の環境総合研究所を介して分析を依頼した最高値270ピコグラムと実測値は違うが、検出パターンがほぼ同じになっており、このような信頼できる海外の研究機関によるクロスチェックが必要と述べています。しかし、これはクロスチェックとはいえないようです。なぜなら、同じ検体ではないからです。仮に同じ検体であったとしたら分析値にこれほど大きな差が出たら信頼性がないことを実証していることになります。

また、MH氏は日本では血液の分析を始めたばかりであり、統一的な分析法は確立されておらず、分析データは信頼性が低い。それにもかかわらず、茨城県では120検体を1

社に委託している。外国の分析機関も含めて広く分析に出す必要があると主張しています。しかし、これは事実ではありません。茨城県では調査対象者を1日の滞在時間や年数、さらに焼却炉からの距離などの条件をクリアした人に限定しており、国内の分析は環境庁（当時）が専ら委託していた信頼性の高い新日本気象海洋株式会社に出していました。さらにクロスチェックのために、そのうちの12検体の分析を権威のあるドイツの分析機関（ＥＲＧＯ社）に依頼しています。結果は茨城県の関係者だけでなく国立環境研究所の森田氏など錚々たる専門家で構成するダイオキシン類関連健康調査検討委員会で審査しています。その結果はすでに説明したように、ドイツとのクロスチェックは分析手法が日本と異なるにも関わらず近似したものであり、日本の分析結果の信頼性が評価されるものでした。土壌や大気中の汚染濃度はサンプリングの問題など、どのようにも言い逃れができますが、人体濃度は容易に変わりませんからそうはいきません。茨城県の調査報告書は、ＭＨ氏がこれまで公言してきた焼却炉周辺住民のダイオキシン濃度が異常に高い、焼却炉に近いほど濃度が高い、ＰＣＤＦがＴＣＤＤに比べて異常に高いなど、といったことが根拠のないものであることを明らかにしたのです。

また、城取清掃工場組合と龍ケ崎市を相手取った周辺住民による健康被害賠償請求と新たにつくる焼却炉の建設の中止請求訴訟は、長い裁判闘争の結果、住民側の完全敗北に終わりました。この原告団の方々は、ダイオキシン学者の分析結果に翻弄された被害者でもあります。

ダイオキシン測定への疑惑

ダイオキシン測定業者による分析値への信頼性の確保として、厚生省（当時）は業者の指定制度にしました。指定業者以外の分析値は認めないということです。ところが、これらの指定業者が軒並み談合を繰り返し、分析価格は国際相場の数倍、ついに公正取引委員会は99年4月に11法人に対して、独禁法違反により排除勧告、さらに17法人を同法違反容疑で勧告し、厚生省はついにこの指定制度を廃止せざるを得なくなりました。そして、ダイオキシン制度管理分科会はダイオキシン分析要綱を作成しますが、この部会の座長は京都大名誉教授のＨＭ氏がなり、この主要メンバーの１人に先のＭＨ氏が名を連ねています。

第12章 仕組まれたアトピーダイオキシンパニック

ダイオキシンアトピー説の虚構

■育児不安を煽ったダイオキシン恐怖情報

わが国で起こったダイオキシン騒動の中で全国の国民を震撼させ、多くの人々の体と心に深い傷をもたらしたものは、間違いなくアトピー性皮膚炎（以下アトピー）の原因はダイオキシンという誤った説です。「お母さんが長年に及んで体内に蓄積したダイオキシンに胎児が暴露して先天性アトピー児になった赤ちゃんが全国で大量に誕生している。」さらに「ダイオキシンに汚染された母乳によりアトピーが増えていることが厚生省（当時）の全国調査で明らかにされた。」「日本人の母乳は世界一ダイオキシンに汚染されている。」それでもあなたは赤ちゃんに母乳を与えますか。」このような恐ろしい脅迫めいた大合唱が１９９７年に入ってから全国的に起こりました。これらの情報の発信源は主にダイオキシン学者です。記憶にある方も少なくないはずです。

1970年以降に生まれた人のおよそ30%以上が3歳までに何らかのアレルギー疾患による治療を受けており、その大半がアトピーといいます。アレルギー疾患は国民病ともいわれ、その治療法や予防法も確立されていない難病であり、今日では母親の育児不安の最大の要因になっています。当時、妊娠中の女性や母乳哺育中の母親は突然降って湧いたこの恐ろしい情報にどれほど悩まされたことでしょう。埼玉県のある環境NGOの代表が、私にダイオキシンの学習会で若い妊婦が「それではどうしたらいいのか!」と半狂乱になって叫ぶとややうんざりした様子で語ったことがあります。しかし、この妊婦を追い込んでいるのは、反ダイオキシンの正義を掲げた彼ら市民運動グループ自身であったのです。なんと残酷なことでしょう。アトピーで苦しむ子を持つ母親は、それが自分が長年に及んで摂ったダイオキシンによってもたらされたと聞かされたとき、どれほど悔やみわが子に詫びたでしょうか。母親の悲痛な叫び声は当時の新聞や雑誌からも覗うことができます。

■環境科学史に残る全国を震撼させた問題のグラフ

ダイオキシンアトピー説が一般に知れ渡るようになったのは、埼玉に本部をおく環境NPOが編集し、NJ氏が監修した『ダイオキシン汚染列島　日本への警告』[49](以降『警告』とする)に掲載されたグラフ(図12・1)です。このNPOはダイオキシン学者のMH氏や

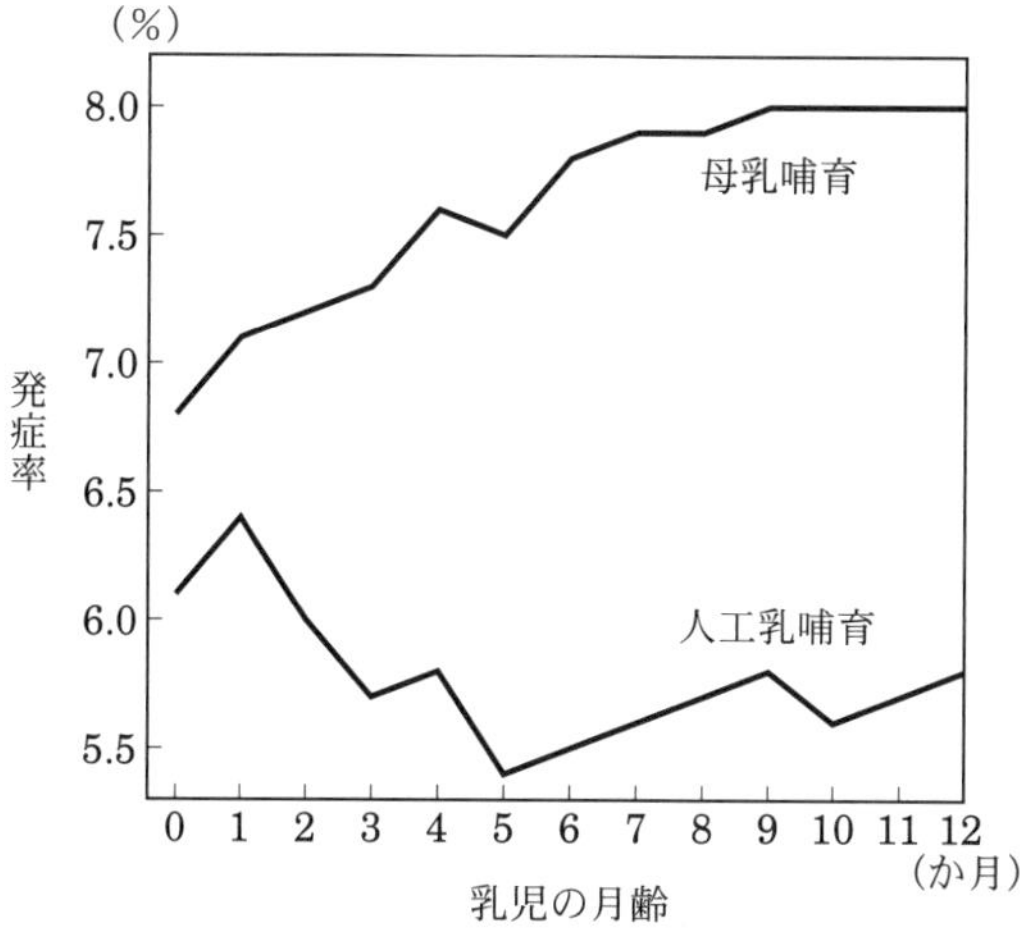

図12・1　ダイオキシン騒動の元凶となったNPO作成のグラフ

NJ氏ら8名の有識者が発起人になって開設したものです。ダイオキシンによるアトピー発生説はおもにこの2人の学者によって全国に浸透します。日本で生まれる赤ちゃんの7%が先天性のアトピーになって生まれ、さらに母乳哺育がアトピーを増やしているという情報の発信源はこの『警告』に掲載されたグラフです。

このグラフは1993年の厚生省の『アトピー性疾患実態調査報告書』[50]のデータをこの環境NPOの事務局長のTS氏がグラフ化したものです。この全国調査は乳児（主に3、4か月齢児）検診、1歳6か月児検診、3歳児検診についてそれぞれ約5、000人を対象に行っています。環境NPOがこの3つの検診結果を合算したデータを単純にグラフ化したことにより重大な問題に発展しました。

■厚生省の奇妙な全国調査データの加工

ここで厚生省の健診からNPOのグラフ化に到る過程を簡単に説明します。全国調査は1992年に実施され、母親への聞き取り調査により、生後0か月から最大12か月までの各月齢時の乳児栄養方法（母乳、混合乳、人工乳）の種類が集計されています。またアトピー数は検診時の医師による診断に基づいており、症状に応じて軽度、中等度、重度別に集計されています。この調査書の乳児栄養に関する調査データはこれだけです。厚生省家庭児童局はこのデータを大臣官房統計情報部に委託して加工処理を行っています。この二次加工集計データがその後重大な波紋を呼ぶことになりました。この加工処理そのものは極めて単純であり、それさえ理解すればなぜこのようなデータ処理を行ったのか、その意図を見抜くことができます。この加工処理の内容さえ理解すれば、この章に書いたことは納得していただけるはずです。

なお、母乳哺育忌避騒動をもたらした問題のグラフの誤りはすでに『虚構』で解析しており、専門家の多くは理解されていると思います。しかし、一般にはいったん植え付けられた不安心理から抜け出せないのも事実であり、さらにその後も母乳哺育によるアトピー説を正統化する本も出回っている現状です。母乳哺育アトピー説は、ダイオキシン法画策に向けたプロパガンダの一貫であったことを理解していただくためにも、このアトピー説を導いた問題のグラフの検証を避けることはできません。ここでは前書と一部重複しますが、読者の方々が自ら解析していただけるように説明に多少の工夫を凝らしました。

そこで厚生省が行った加工処理を3歳児健診を例にして説明することにします。なお、巻末に実態調査報告書の元データを掲載していますから、これを見比べながら読み進めていただければ、意外と単純なことがお分かりいただけるでしょう。

3歳児健診の基礎データは全検診児数4、450人、健診時のアトピー発症児数354人、3年間のアトピー発症者総数1、135人、これに各乳児期の乳児栄養（母乳、混合乳、人工乳）の各月ごとの内訳の母親への聞き取り調査記録があります。ここでアトピー発症児数354人に赤いシャツを着せ、残りの非アトピー発症児4、096人には白いシャツを着せ、それぞれ0か月から12か月時まで与えてきた乳児栄養を辿ります。たとえば、0か月時の母乳栄養は2、517人、3歳児検診時にアトピーと診断された354人の赤シャツのうちで10人が0か月齢時に母乳哺育を受けています。このとき母乳栄養であった白シャツは2、307人になります。統計情報部は0か月齢時乳児栄養数2、517人に対する赤シャツ210人の割合を8・3％と集計します。

ここで考えなければならないことは、この8・3％という数値が何を意味しているかということです。決して0か月齢時のアトピー発症率を表しているのではないのです。ところが、NJ氏らはこの集計値を0か月齢時のアトピー発症率と誤った解釈をしたために、その後大混乱が起こったのです。産科医の方々は口をそろえて誕生時のアトピーの診断記録はどこにもないとNJ氏の説に強い抗議をしました。この集計値はほとんど何の意味も含んでいないのです。あえていうならば、3歳児健診時にたまたまアトピーと診断された幼児の0か月齢時に母乳で育てられていた乳児は、母乳栄養全体の8・3％に相当するということになります。なにしろ3歳児健診時点を含めアトピーと診断された乳幼児は累計で1、135人、このうちのたまたま健診時にアトピーと診断された354人を乳児栄養別に割り振ったにすぎないのです。なお、累計数1、135人は乳児4、096人中3歳児健診までに医師によってアトピーと診断された数を示しています。アトピー児の多くはある期間発症し、やがて治癒している人が多いことを示しています。このことは3歳児健診でアトピーと診断された数は偶然その時期に発症していたにすぎないことがわかります。このアトピー児354人を過去の乳児栄養に割り振ることの意味を考える必要があると思われます。このように振り分けて求めた集計値は各月齢時の乳児の何も意味していないのです。なぜ厚生省がこのような意味不明な集計を行ったのか、これには重大な意図があったと推察していますが、これについては後で触れます。この意味不明な集計値を仮に「見かけ上のアトピー比率」とでも呼ぶことにします。

以上のことを踏まえた上で次のステップ、1か月齢時に進みます。ここでは母乳栄養は2、345人であり、172人減少しています。減少した乳児は混合乳や人工乳に移行したのです。結局母乳栄養総数は2、345人で、そのうち赤シャツが200人残り、その割合は8・5％になります。当然この値も発症率とはなんの関係もないことはいうまでもありません。

それでは2か月齢時に進みます。母乳栄養数が2、181人、うち赤シャツが194人になり、見かけ上のアトピー比率は8・9％になります。

3か月齢時に進みます。母乳栄養総数は1、926人、赤シャツ数は172人であり、見かけ上のアトピー比率は8・9％になります。この月齢になるとおよそ25％が人工乳などに移行していることが分かります。なお、集計漏れや、データにはない離乳食への移行組があるためデータにあるすべてを合算しても必ずしも一致しませんが、これを気にする必要はありません。

同様に混合乳栄養や人工乳栄養についても集計したのが、あの報告書です。混合乳の総数は1か月齢時が1、657人とピークになり、その後減少して12か月齢時には210人になっています。人工乳も0か月齢時には総数はわずか399人ですが、その後急増し9か月齢時が2、419人とピークになり、12か月齢時には1、835人まで減少します。12か月齢時には母乳、混合乳、人工乳を合わせて総数は3、028人であり、この時点で1、422人、32%が完全離乳食に移行していることが分かります。報告書の集計には離乳食についてのデータがありませんが、これらを合わせると赤シャツ総数は0か月齢時から12か月齢時まで増えも減りもしないで354人と一定になっていることを理解しておく必要があります。要するに、乳児栄養の種類によりアトピーが増えたり減ったりすることはないのです。ところがNJ氏らはこの見かけ上のアトピー比率を発症率と勘違いしてあの問題のグラフをつくってしまったのです。

■幻の先天性アトピー児

それでは厚生省が行ったデータ加工の概要を理解していただいた上で、NJ氏らが主張する先天的アトピー大量出現説について検証します。このグラフについて産科医療の関係者から猛烈な異議が出たのは当然でした。大阪府堺市の産婦人科医院の岡村博行氏は2004年2月に大阪工業大学で行われたダイオキシン徹底討論会で当時を振り返って次のように述べています。

「毎月20～30人の赤ちゃんを取り上げてきましたが、未だかつて新生児のアトピーは診たことがありません。大阪府女子保健総合医療センターと大阪市立総合医療センターの新生児科の部長に問い合わせましたが、2人とも長い間新生児を取り扱ったが新生児のアトピーは診たことがない、ましてや増えているなんて、そんな〝あほなこと〟という答えでした。これで、医療現場では新生児のアトピーは存在しないことが分かりました。今にして思えば、あの医学常識を破る画期的なあのグラフを世間に出す前に、なぜに新生児の専門家に意見を誰1人として聞こうとしなかったのかと思うと惜しまれてなりません。もし当時、新生児専門医の常識と意見を参考にしていたならばあのグラフの発表を躊躇する、あるいはあらためてもう一度厚生省のデータを冷静に分析し直すことにより、あの多くの母と子を悲しませ、苦しませたあの事態を避けられたのではないかと思うと残念に思われてなりません。」

このグラフが誤りであることは、全国調査のどこにも0か月のアトピー診断記録はないからです。0か月だけでなく、ほとんどすべての各月齢児の診断記録は存在しませんから、縦軸をアトピー発症率としたあのグラフそのものが誤りであり、虚構であるのです。

それでは別の角度からこの先天性アトピー説を検証してみましょう。全国調査の聞き取り調査19項目中の16番目に1歳6か月児検診と3歳児検診について初めてアトピーと診断

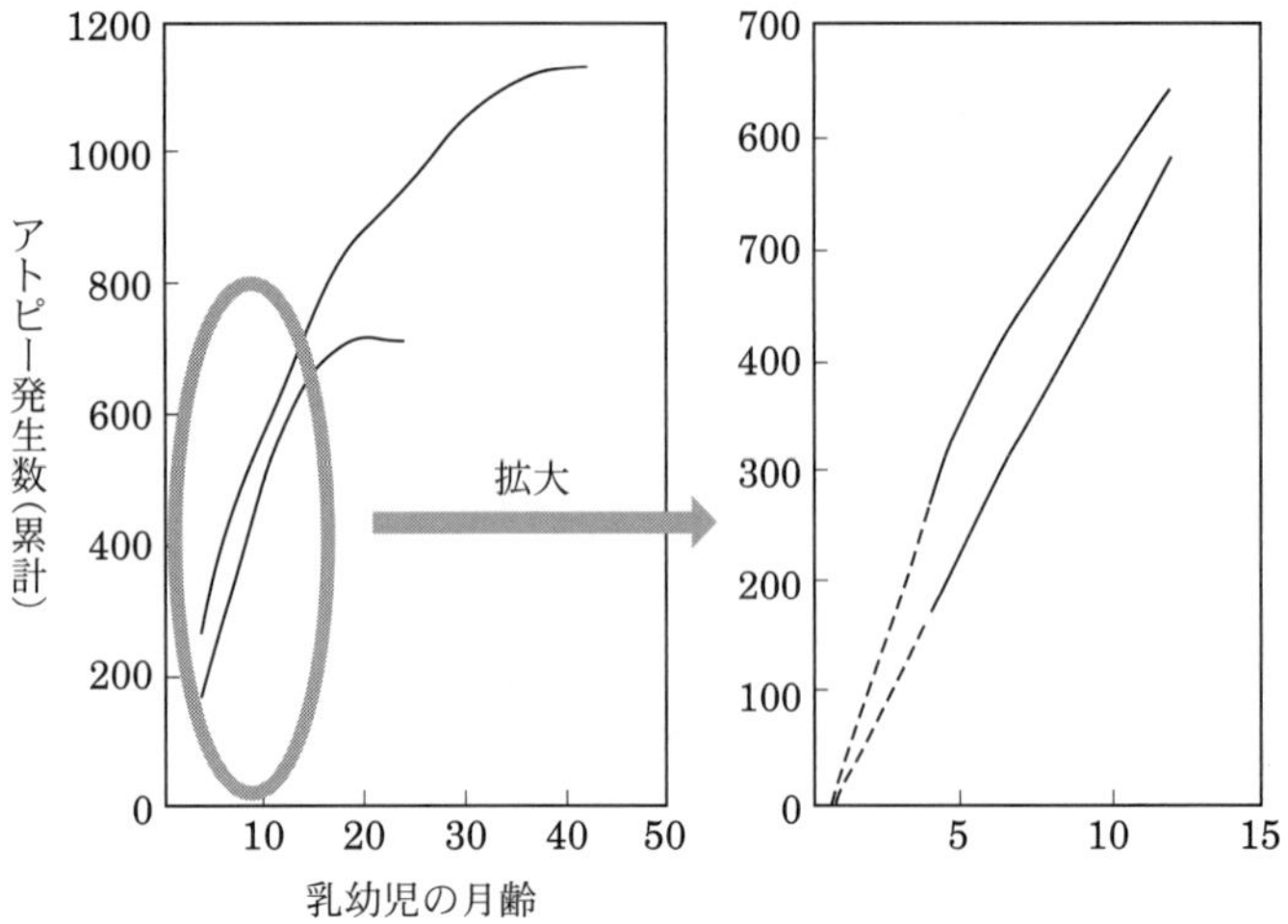

図12・2　アトピー生前発生説の虚構を証明するグラフ

された時期についての聞き取り調査があります。それは4か月以内、4～6か月、6か月～1歳、1歳～1歳6か月、1歳6か月～2歳、2歳～2歳6か月、2歳6か月～3歳から選ぶようになっており、0か月のものはありません。たとえば1歳6か月検診時の4か月未満にアトピーの初診を受けた数は172人でその割合は3・6％になり、とても6～7％には届きそうにありません。そこで累計の推移をグラフ化し、累計の上位から下方に向けて横軸の月齢まで線を伸ばしたものが図12・2です。このグラフは今から17年前に田中一誠氏に作成を依頼したもので、『虚構』に掲載したものと同じです。これを見れば分かるように患者第一号は生後1か月目に出現したことが推定できます。ＮＪ氏らは報告書のデータを解析する前に当然押さえておかなければならない全国調査の対象者や具体的な調査方法を確認しなかったばかりか、報告書に記載されているアトピー診断の振り返り調査記録を見落としたことになります。全国で生まれる赤ちゃんの６〜７％が、誕生時にアトピーになって生まれているという妊婦の不安を煽る説は完全に否定されたことになります。また、ダイオキシンによる胎内暴露によるアトピー説もその最大の根拠を失ったことになるでしょう。

■母乳で改善するアトピー

それでは、母乳哺育でアトピー比率が上昇し、人工乳哺育で低下するかのようなグラフを検証してみましょう。この部分はダイオキシンに汚染された母乳哺育によりアトピーになるという説をもたらした点で重大です。ここで確認しておかなければならないことは、先の０か月齢におけるアトピーは１人も存在しないにもかかわらず、あたかも６〜７％もいるかのように見せるグラフで分かるように、他の月齢でも同様に集計表が紹介され、それを間違った解釈をもとにグラフ化したものである点を承知しておかなければなりません。

すなわち、このグラフそのものが虚構です。この時点でこのグラフから導かれた母乳哺育がアトピーを増やすという説は間違っていることがわかります。よってこれ以上の検証作業はあの虚構グラフが母乳哺育でなぜアトピーが増えたかのようになるのかという意味のない解析を行う作業になることを予め承知しておいてください。調査データの加工処理方法をもう一度思い出してください。アトピー数は検診が行われた時点のものであり、基本的には全期間を通して変わりません。よってアトピー数総計は全期間を通して増えも減りもしないから、母乳哺育でアトピーが増えることもなければ人工乳でアトピーが改善することもありません。ただ乳児栄養の方法が全期間を通じて母乳栄養から混合乳、人工乳、さらには完全な離乳食へと目まぐるしく移動しているだけです。12か月齢ではおよそ30％が完全な離乳食に移行しているので、グラフの数値の増減は調査集団内におけるコマの動きを示しているにすぎません。母乳哺育数は全期間を通してほぼ一貫して減少しています。母乳哺育でアトピーが増えたように見えるのはアトピーに罹患している層が比較的多く母乳を継続しているにすぎず、総アトピー数は一貫して変わらないのです。

■母乳を止めると悪化するアトピー

この意味不明なデータ加工は、アトピーが母乳哺育で増加したかのように見えますが、これはアトピー児が母乳哺育を継続している見かけ上の増加であり、実際には全体を通して母乳哺育が減少しているにすぎません。これを濃縮化現象ということにします。

一方問題のグラフは、人工乳ではあたかもアトピーが改善したかのようにアトピー比率が低下しています。人工乳哺育は母乳とは逆に月齢とともに急速に増加しています。人工乳哺育におけるアトピー比率の低下は相対的にアトピーに罹患していないグループの流入によるものです。これを希釈化現象ということにします。これでこの奇妙なグラフの謎は解けたことになります。NJ氏らが主張する母乳哺育がアトピーを増加させるという説の誤りもこの延長で説明できます。『虚構』ではこの点をさらに確認するために母乳放棄率という言葉を用いてアトピーの症状の程度と母乳継続との間に相関があることを明らかにしました。すなわちアトピーに罹患していないグループほど母乳を止めて人工乳などに移行することを確認しています。しかも症状が重い乳児ほど母乳を継続する比率が高いことを明らかにしました。これは母乳を止めれば症状が悪化するから当然の帰結でもあります。

それでは濃縮化現象について先の3歳時健診のデータを用いて母乳放棄率から検証してみましょう。ここでいう母乳放棄率とは母乳から他の乳児栄養に移行する割合と定義づけます。母乳放棄率を求める公式はありません。ここでは、0か月を出発点として12か月齢時でどれだけ数が減ったかを百分率で表すことにします。そうすると出発時の母乳総数は2、517人であり、最終地点の数は983人ですから全体の母乳放棄率は61％になります。同様に非アトピーグループの放棄率を求めると62％になり、わずかですが全体よりも

1%高くなっています。それでは赤シャツ（アトピーグループ）全体についてみると、母乳放棄率は51%になります。白シャツ（非アトピーグループ）が赤シャツ（アトピーグループ）よりも明らかに高い比率で母乳から他の乳児栄養に移行していることが分かります。あたかも母乳がアトピーを増加させたかのようなあの問題のグラフは、赤シャツ群の母乳放棄率の低さから生じる見かけ上の現象にすぎないことが分かります。

また、症状別に軽度、中等度、重度について放棄率を求めるとそれぞれ54%、51%、35%になります。この結果は、症状の重いアトピー児をもつ母親ほど何とか母乳を継続させようとしている姿を見事に映し出しているのです。この実態調査のデータをつぶさに眺めると、重度のアトピー児をもったお母さんが母乳からいったん混合乳に切り替え、すぐに再び母乳に戻した事例を一件認めることができます。わが子を案じる母親の切ない思いが手に取るように伝わってきます。こうしたアトピー児の低い母乳放棄率は、母乳栄養がアトピーの改善に貢献していることを示唆しているのです。なお、各月齢時の見かけ上のアトピー比率は真のアトピー発症率を示しているのではなく、この中に一部アトピー発症者がいるにすぎません。それにもかかわらず母乳哺育率にこれほど明確な差が出ることは驚きでもあり、アトピー児をもつ親御さんはここに示した比率よりもはるかに高い割合で母乳を継続していることが推測されます。

それでは希釈化現象が起こっている人工乳栄養について検証します。人工乳の場合は一方的に減り続ける母乳と異なり、初めは少ない数ですがあるところまで増加してそれから減少します。すなわち、人工乳は乳児栄養の通過点に過ぎないのです。そこで人工乳栄養の総数が2、419人と最大になる9か月時をグループ最終点として人工乳の増加率を求めます。そうすると、非アトピーグループの増加率は6・08倍になり、それに対してアトピーグループは5・75倍です。人工乳哺育であたかもアトピーの発症率が低下するかのようなグラフは、アトピーに罹患していない群からの流入数がやや多いことによることが分かります。

なお、症状別の増加率は母乳放棄率を100％反映したものとはなりません。その理由は、一方的に減少する母乳と異なり、人工乳は母乳からだけでなく混合乳からの流入があり、また完全な離乳食への流出も無視できないからです。しかし、ここではっきりしていることは、あの人工乳で発症率が低下するかのようなグラフは、アトピーに罹患していないグループの流入による見かけ上のものであり、人工乳を継続した結果ではないということです。

以上のことから先天的アトピーも、また母乳アトピー説も誤りであることがお分かりいただいたと思います。

厚生省研究班の疑惑

厚生省が専門家に委嘱して実施する調査内容は国民にとって有益なものが大半ですが、なかにはまれに首を傾げたくなるものもあります。ダイオキシン問題とは直接の関係はありませんが、研究班のアトピー性疾患実態調査を解析する前に、血友病患者の薬害事件と鳥インフルエンザパンデミック騒動を例にして専門委員会の活動内容を検証することにします。

■血友病患者のエイズ感染の事実隠蔽に加担したエイズサーベイランス委員会

血友病患者の方々がエイズウイルスに汚染された血液製剤によりエイズに感染した薬害事件は記憶にある方が多いと思います。欧米各国はウイルスの可能性を推測して早くからウイルスを無力化した加熱製剤の導入に踏み切りましたが、わが国はこれに逆行して危険な非加熱製剤を2年以上に及んで使い続けたために被害を拡大させました。そのため、早い段階で血友病患者からエイズ発症者が出ていましたが、この事実を2年以上に及んで国民の目から隠してきました。国が日本人のエイズ患者第一号と公表したのは米国在住の男性同性愛者だったことは「まえがき」で述べた通りです。国はその後も、性感染による患者の個人情報を公開してエイズパニックを誘発させ、血友病患者のエイズ感染者の口封じともとれる患者隔離のための法規制を画策しました。専門委員会がそれに加担したと指摘されています。

鳥インフルエンザパンデミック騒動の陰に抗ウイルス薬タミフル

話は変わりますが、2000年になって突然鳥インフルエンザがヒト型に変異してパンデミックが起こる、と叫ばれるようになりましたが、これは抗ウイルス薬タミフルの開発と時を同じにしています。わが国では2004年に鳥インフルエンザパンデミック騒動が勃発してスケープゴートにされた養鶏農家の老夫妻が裏山で自殺する事件が起こりました。明日にも新型インフルエンザパンデミックが起こるという一大キャンペーンを契機に慌ただしく抗インフルエンザ薬タミフルの備蓄が市町村に勧告されました。財政赤字のなかで大量の在庫を抱えた地方自治体は病院にタミフル使用を促すキャンペーンを展開しました。病院では予防のためなんでもかんでもタミフルをというキャンペーンのチラシが張り出されました。単なる風邪でもタミフルが投与され、まもなく10代の若者60人ほどがタミフル服用直後に異常死する事件が発生しました。国民のタミフル離れが起こり、困った厚労省は研究班を開設して調査を行いました。その結果、若者の異常死はタミフルとは直接の関係はないという見解を表明しました。ところが、研究班の班長である横浜市大の某教授がタミフルを一手に輸入する中外製薬から1、000万円を受けていたと指摘されています。

国民から嫌われたタミフルの在庫の山も使用期限が切れれば、廃棄して新しいものに交換しなければなりません。2015年も補充のために200億円ほど海外に丸投げしました。この薬を開発したのはイラク戦争を画策した米国国防長官ラムズフェルドが会長を務めたグローバル医薬メーカー（ギリヤドサイエンシズ社）であり、大株主の彼は事実上のオーナーです。タミフル備蓄を自治体に勧告したのは小泉政権時代、小泉首相の政治団体は中外製薬から数千万円の政治献金を受け取ったとされています。[51] 鳥インフルエンザ騒動の裏に企業との癒着があったという説が本当ならば、ダイオキシン騒動も、この鳥インフルエンザ騒動と同じ構図で画策されたと勘ぐるのは私だけでしょうか。行政が開設する研究班の中には御用学者で構成しているものが少なからずあります。

アトピー母乳説は仕組まれたのか？

母乳のダイオキシン汚染が一般の人々に知られるようになったのは、1993年4月の朝日新聞の記事からです。この記事が出てまもなく3歳と6か月の子どもを育てている静岡の主婦から、「悩む毎日」という母乳のダイオキシン汚染を心配する悲痛な投書が掲載されました。この主婦は、人工乳で育てられたためにアレルギー体質になり、彼女の母親はそのことで長い間自分を責め続けてきた、今度は、自分が母乳を与えてきたために私が子どもたちに詫び続けなければならないのか、と投書に訴えています。これ以降、ＭＨ氏らにより日本人の母乳は世界一汚染されているということが盛んに喧伝されるようになりました。この報道は朝日新聞がＮＪ氏から引き出した格好になっています。１９９２年にはアトピーの全国調査が行われ、１９９３年には報告書が出され、１９９７年にはダイオキシンに汚染された母乳哺育がアトピーを増加させるという問題のグラフへと展開しました。このグラフの登場によってアトピー母乳説が生まれ、産科医療現場は大混乱し、それが沈静化するまでに2年以上かかりました。

厚生省（当時）の研究班による『アトピー性疾患実態調査報告書』が出たのは、人口動態統計の肝がん死データが改竄される2年前の１９９３年です。この報告書には全国調査を行った目的として、近年育児不安を訴える親が増加しておりなかでもアトピーに対する不安が大きい。よってこの不安を取り除く基礎資料を得るために行ったことが記されています。ところが父母の不安を少しでも取り除く調査が、逆に不安を煽り、国中をパニック状態にしました。報告書の冒頭には重症のアトピーに罹ったいたいけな乳児の顔写真と全身の裸体写真が大きく写し出されています。まるでアトピーの恐怖を煽るようなものになっています。調査内容は先に解析したように、患者家族にとってなんら役立つものでないばかりか、逆にあたかも母乳哺育がアトピーを発生させるかのような根拠を意図的にひねり出すともとれるデータの加工が行われています。なぜなら、それは母乳哺育がアトピーを増加させるという誤解を人々にもたらす以外になんの意味も含んでいないからです。調査内容を確認すると、アトピー児がいる家ほど食事に神経質になり、床は板張りで、ペットを飼わず、母乳で育てているという結果を引き出すものになっています。

乳児の栄養方法とアトピーのデータ加工を、NJ氏はクロス集計と呼んでいますが、クロス集計を行うに当たっては明確な集計目的があったはずです。適当に集計すれば何らかの数字は出ますが、それでは何の意味もなしません。また、クロス集計の場合には、それを行った方法と目的を報告書に明記しなければなりません。ところが、そのようなことはこの報告書には見当たりません。これを伏せたままにして意味の不明なデータの公開は明らかな企てがあってのことと、とられても致し方ないところです。なぜなら、統計情報部が行ったあのクロス集計の結果は、専門家ならば予見できた、ごく当たり前のことだからです。アトピー児を持つ親ほど、重症児をもつ親ほど、我が子を守るために母乳を継続していることは関係者ならば知らない者はなく、あのクロス集計はそれを見越したものであることは疑いの余地がないのです。クロス集計は明確な目的を立てて行うものであることを前提にすると、この他にはいかなる事実も見出すことはできないからです。

別冊版アトピー性疾患実態調査報告書の疑惑

『アトピー性疾患実態調査報告書』は、280ページの大版からなる盛りだくさんの集計結果が記載されています。本書の執筆に当たり、ある大学の図書館からこの報告書を取り寄せました。これを手にしたとき、「これは違う。」と思わず声に出すほど驚きました。というのは、今から18年ほど前に厚生省の図書館で『虚構』を書くにあたって参考にした報告書とはあまりに違っていたからです。当時、厚生省で手にした本は30ページ足らずのコンパクトな報告書でした。その「まえがき」にはアトピーによる育児不安が増加しており、育児不安を少しでも取り除くために正しい情報の提供を、ということが調査目的に記述されていました。そして冒頭に重症のアトピー児の顔と全身の写真が映し出されており、かえって不安を煽るように感じたものです。そして、調査対象、調査項目、方法など基本的なことが掲載された後、比較的スムーズに問題の乳児栄養別のアトピー比率に到達できました。

ところが、この度取り寄せたホンモノ（原本）は、乳児栄養に到達するまでが大変でした。なぜなら、乳児栄養とアトピーに関するデータは膨大な資料の中のごく一部にすぎないからです。なぜ簡易版を制作しなければならなかったのか。この簡易版の制作は、このアトピー実態調査の真の目的が母乳哺育の一点にあったことをあからさまに示しています。

そこで、この冊子を確認するために厚生省の図書館に行き確認しましたが、原本だけが書架にあり、簡易版を探し出すことができませんでした。厚生省の図書館から国会図書館に連絡を取っていただき、国会図書館の議会官庁資料室に調査書の概要が保管されているということで、早速確認しました。それは31枚のコピーで、うち8枚が乳児栄養に関する問題のデータでしたが、おそらくこれに乳児の写真をつけて製本したものが私が手にした簡易版であったと思われます。不確かですが、180部ほど製本して関係方面に配布したと記述していましたから、今もどこかに保管されているはずです。

アトピー性疾患実態調査報告書には奇妙なことがあります。それは、1992年のアトピー実態調査の結果を受けて、厚生省の家庭児童局が『アトピー性皮膚炎生活指導ハンドブック[52]』を出版していますが、これにはメインである乳児栄養方法については一切触れていません。また、『厚生の指標』に「アトピー性皮膚炎と育児不安　実態調査概要[53]」が紹介されていますが、ここでも乳児栄養とアトピーについては一切触れていません。まるでそれに触れることはタブーであるかのようです。これは私の推測ですが、おそらく、実態調査の解析を巡ってある大きな政治的圧力が働いたと思われます。

簡易版の存在の確認もあって、実態調査検討メンバーのうち、なるべく最近まで現職であった、あるいは現職である方4名に手紙を出して尋ねましたが、まだどなたからも何の応答もありません。それにしても極めて周到に練られた恐ろしいほどの企てだったと思わずにはいられません。なぜなら、あれほど国民が錯乱し医療現場が混乱している中にあっても厚生省はおろか、研究班員の誰からもあのグラフは誤りだという言葉が出なかったからです。実態調査の目的が、国民の健康や不安を取り除くことからかけ離れたところにあったことだけは確かなようです。真に国民の健康を考え、原因を解明して親の不安を取り除くのであれば、あのような国費を無駄にしただけの全国調査は行わないでしょう。アトピーやアレルギー体質になる最大の要因は乳児栄養にあり、人工乳児のリスクが母乳に比べて3倍ほども高いことは、国際的に認められている事実です。そのためWHOやユニセフは母乳を継続し、6か月まではなるべく母乳だけで育てるように勧告しています。ところが業界寄りの厚生省は、必ずしもこれを良しとはしなかったと思われてもしかたがありません。離乳食の開始を5、6か月まで遅らせる指導を行うようになったのも、つい最近2007年のことです。生後数か月母乳だけで育てることでアレルギーの発症が低くなることは知られています。ところが多くの産科施設では乳業メーカーの販売促進が行なわれ、入院中に母乳だけで育てられるようなケアがなされていません。わが国のアトピーに代表されるアレルギーの蔓延は産科医療によってもたらされている部分が大きいのです。[54]

アレルギーと乳児栄養の関係を調べるには全国調査の必要はありません。出産時から1年間の乳児栄養やアトピーの推移を前向きに追跡調査すればよいのです。この場合、出産直後の病院での乳児への対応の確認が大切です。

乳児栄養方法も含め生活スタイルの聞き取り調査は単なる現状の把握に過ぎません。中西氏も指摘していたように原因と結果をどのようにとらえるかです。聞き取り調査を行った生活スタイルの多くはアトピーの原因ではなく、アトピーになったことによる二次的現象にすぎないのです。このことが理解されていないために、母乳哺育がアトピーを増やすという誤った情報をもたらしたのです。この全国調査は後にも先にもこの1回だけで、なぜこのようなあからさまな調査を行ったのか。私はダイオキシン騒動誘発に向けた行政の画策の一つであったと推測しています。

お騒がせグラフの作成者

『虚構』を出して間もない頃、問題のグラフを作成したTS氏が筆者の研究室を訪れました。彼は開口一番に「『虚構』を読んで勉強になりました。」と発言しました。私はすかさず「あのグラフは誤りですね。」と念を押すと、うなずきました。「それでは、不安に喘いでいる人々に真実を伝えて恐怖の呪縛から解き放つ責任がありますね。」とたたみかけました。するとTS氏は「ダイオキシンがアトピーとまったく関係がないことがはっきりしたときには人々を呪縛から解き放さなければいけませんね。」と述べました。筆者は、「神様でも絶対に関係がないと断定することはできない。しかし、母乳哺育アトピー説を導いた根拠そのものは否定されたのだから、この誤った説は取り消さなければならない。」と主張しましたが、これについてはそれ以上の発言はありませんでした。

その後もTS氏は研究室を訪れるようになり、奇妙な依頼をしてきました。それはアトピーの原因について喫煙などさまざまな要因から調べるために、ある政党の婦人部に依頼して全国調査をするといいます。そして、回収した調査データがミカン箱数箱分になるから林ゼミの学生さんに集計を手伝ってほしいということでした。やがてアンケート用紙のまえがき部分が送り付けられ、内容確認の依頼がありました。

また、あるときは過去にドイツで起こった母乳哺育忌避騒動がアトピーと関係があるのではないか調べてほしいと要求され、ドイツの厚生白書を取り寄せたこともあります。そうこうしているうちに連絡が遠のくようになり、やがて完全に音信が途絶えました。

彼が開設したという環境工学研究所に連絡してもなんの応答もなくなりました。あれは一体何だったのか。当時私は埼玉のNGOなどから抗議を受けている最中であり、彼は様子を探りにきたか、あるいは時間稼ぎであったかとも憶測しています。どうしても彼に聞いておきたいことがありました。それはアトピー全国実態調査を彼に教えた人物と、参考にした資料が調査書の「ホンモノ」か、あるいは「簡易版」か、はたまた集計データのコピーのいずれであったかということです。

第13章　詭弁

問題グラフの訂正論文

ダイオキシンがアトピーを増加させているという説の根拠とされた問題のグラフの誤りを指摘した『虚構』[5]の内容は、ほぼ認知されたと思い込んでいましたが、つい最近になってこれに異論を唱える人物がいることを第8章で紹介した『ウソ』[41]で知りました。その人物はこの問題のグラフを発表した本の監修者のNJ氏です。ただし同氏があの問題のグラフは正しいと主張しているのではありません。彼はあのグラフが間違っていることを認めていながら、なお自説にこだわっておられるようです。私の説に対する彼の反論を検証する前に、問題のグラフを掲載した1997年の『警告』[49]から2007年の『ウソ』を刊行に至るまでの間のNJ氏の主張のあらましを拾うことにします。

■問われる監修者としての責任

彼が監修した『警告』は全国の妊婦やお母さんたちを震撼させ、産科医療の現場を大混乱に陥らせるなど重大な社会問題をもたらしました。当然のように産科医や助産師、さらには国際認定ラクテーションコンサルタントなどの方々から猛烈な抗議が起こりました。全国調査報告書に記載されている調査対象や調査項目、調査方法など基本的事項を確認していれば、あのようなグラフは有り得なかったのです。NJ氏は新聞記者の取材でそのグラフの誤りを認め、これが問題のグラフ付きで大きく新聞報道されました（読売新聞大阪版、1999年5月27日）。監修者として矢面に立たされたNJ氏は、グラフの誤りを訂正する論文を専門誌に発表することを約束したといいます。間もなくしてその論文のコピーが国際認定ラクテーションコンサルタントの本郷寛子氏から送られてきました。その論文は『周産期医学』（29、No. 4、99年）に「ダイオキシン類と農薬による母体汚染——胎児と乳児への影響の可能性[55]」というタイトルでした。

科学的な訂正論文と信じ込んでいた私は、それを読んで違和感を覚えました。内容は観念論的なものが目につき、やや科学的な推考に欠けたものであると感じたからです。産科医療関係者が待ちに待った問題のグラフはどのように訂正されたでしょうか。ところが、この論文の中でアトピー問題が占める記事はごく僅かです。その部分をそのまま引用します。

「（前略）これらの化学物質のヒトへの影響が考えられ、且つ社会的関心が高い疾病《しっぺい》の一つにアトピー性皮膚炎があろう。図13・1は厚生省が平成4年度に行ったアトピー性疾患実態調査報告書のデータの一部を示したものである。この図には6〜7％もの乳児が生後3〜4か月でアトピー性皮膚炎と診断されており、3歳児の皮膚炎の発症率では生後1年間母乳を与えた場合が最も高く約10％、混合乳哺育では8・4％、そして人工乳哺育が最も低く6・3％であることが示されている。このように母乳や混合乳哺育により発症率が高くなる傾向が見られるけれども大部分の影響は胎児期に受けているとも考えられる。これらの化学物質による母乳の汚染レベルが人工乳よりもかなり高いことを考えるとアトピーの発症に母乳の農薬などが関与しているかもしれない。しかしそれ故に母乳よりも人工乳の方が良いと考えられては困る。哺乳動物であるヒトは母乳で子供を育てなければいけない。（後略）」

この論文の中でアトピーに関する記述はたったこれだけです。誰が読んでもこの論文があの問題のグラフの誤りを訂正した論文とは気づかないでしょう。ところが、ＮＪ氏は

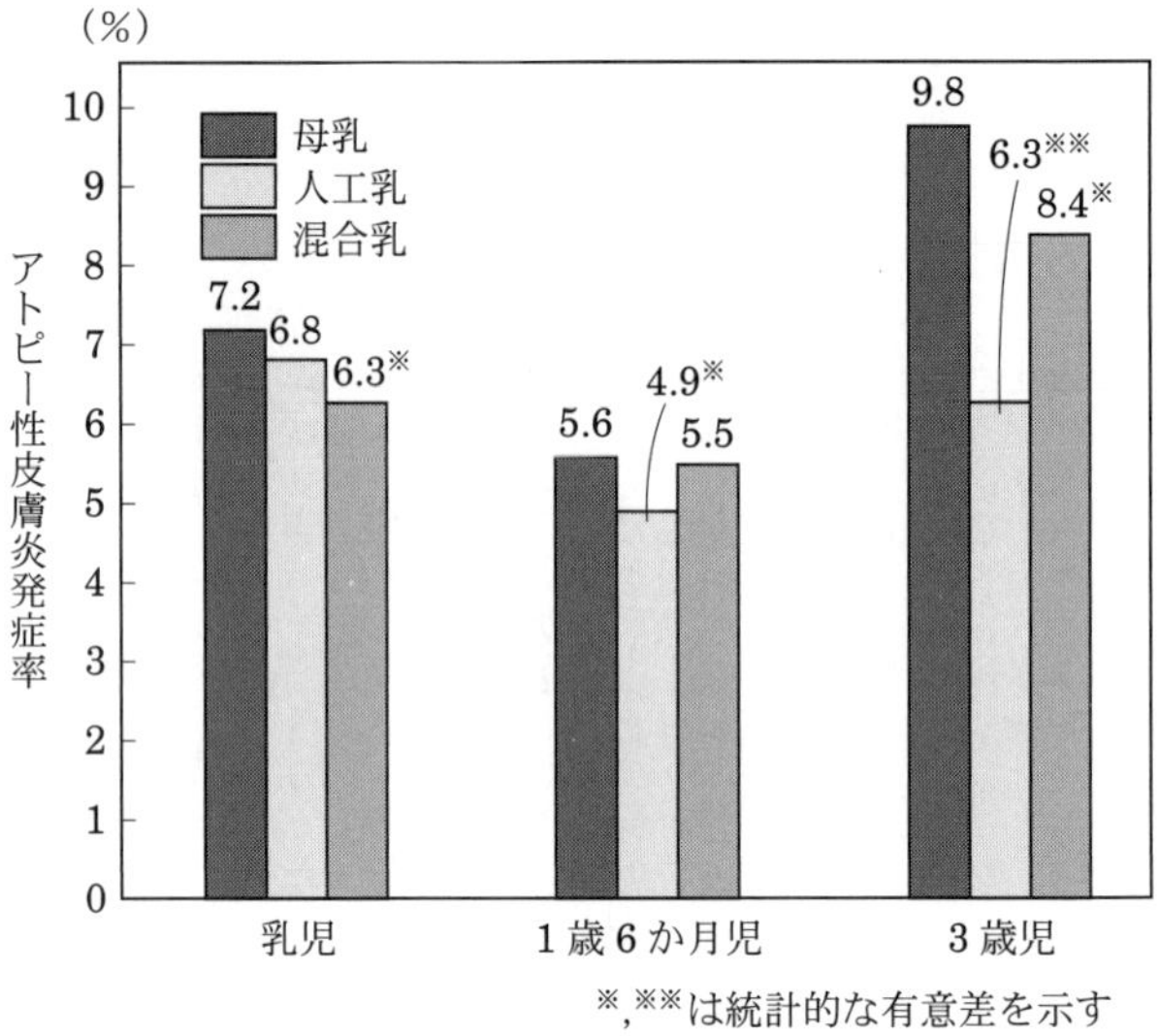

図13・1　乳児（生後3～4か月）検診、1歳6か月児検診および3歳児検診における母乳、人工乳あるいは混合乳哺育とアトピー性皮膚炎発症率

『ウソ』に『周産期医学』に訂正したと書いています。『ウソ』に書かれたその部分を引用します。

「(前略)私はTS氏が作成したグラフはその元になったデータの読み方が間違っていたと判定した。検討した結果を新しいグラフにして発表したのが林氏も言っている周産期医学の総説(後略)」(イニシャル表記は引用者による)

ここではあのグラフの誤りをTS氏1人に負わせた格好にな

っていますが、それはさておき『周産期医学』の論文に掲載されたグラフはＮＪ氏が検討した末の訂正グラフということです。そこで、ＮＪ氏が新たに作成したグラフの解説内容から検証します。

０か月齢の先天的アトピーの大量発生説はどうでしょうか。これに該当する部分を『周産期医学』の論文の中から敢えてあげるとすると、「この図には６～７％の乳児が生後３～４か月でアトピー性皮膚炎と診断され」という箇所が該当します。本人は０か月を３、４か月に訂正したつもりかもしれませんが、これでは読者には伝わりません。ましてや、本人は胎児期の影響が大きいと主張されているのです。

いずれにしても厚生省のクロス集計データを発症率と信じ込んでいるところに根本的な誤りがあり、この時点に至っても初めてアトピーと診断された月齢の母親への聞き取り調査データの存在に気づいていないようです。ＮＪ氏がここで訂正されたという３、４か月齢時のアトピー発症率６～７％は有りえない値なのです（図12・２参照）。

それでは母乳哺育がアトピーを増やし、人工乳哺育がそれを低下させるという説はどうでしょうか。ＮＪ氏はこれについては、実態調査報告書の集計を引用して新たなグラフ（図13・１参照）をつくり自説を主張しています。すなわち母乳哺育のアトピーの発症率が最も高く、次いで混合乳、そして人工乳が最も低いと説明しています。しかし、ここで確認しておかなければならないことは、各月齢時のアトピーの割合は発症率を示しているのではないということです。統計情報部の作成した集計表のどこにも発症率という言葉はありません。NJ氏が新たに作ったグラフも縦軸を発症率としていますが、根本的な考え方に誤りがあるようです。もとのデータの集計表は発症率を示しているわけではないのに、NJ氏は相変わらず、母乳哺育でアトピー発症率が高くなっていると主張しています。

この論文で気になるところは、ダイオキシンという言葉がここでは一切出てこず、それに代わってそれらの化合物、あるいは農薬という言葉にすり替わっているところです。先の滝澤氏(3)はダイオキシンが猛毒ではない根拠の一つに、ダイオキシンの体内残留性(蓄積率)の低さをあげていることをすでに紹介しました。NJ氏はこの論文の前段部分で、農薬類の蓄積率の高さに着目し、これらの化合物の方が影響は大きいのではないかとここで主張しています。なお、NJ氏はかつて私に「ダイオキシンがアトピーの原因であるとはいっていない。そういうのならば証拠を見せてほしい。」と抗議された事がありますが、それではアトピーダイオキシン原因説は誰がつくり出したのか、新たな課題が浮上してきます。

迷走回路

それでは新たに検討して作成したというＮＪ氏自作のグラフを検証します。新たに作成したグラフは、乳児健診、1歳6か月児健診、3歳児健診についての乳児栄養別のアトピー発症率が棒グラフで示されているだけです。ここで再度確認しておきますと、縦軸の発症率は誤りです。この段階で、あの誤ったグラフからあまり進歩していないようです。このグラフは、厚生省が行ったアトピー実態調査報告書の一部であるという他は、数値の根拠についての基本的な説明がありませんから、おそらく査読のない論文と思われます。そこで、これらの数値が何か月齢のものかそれぞれ当たってみましたがいずれもぴったり一致するものがありません。それでは、各月齢の平均をとったかとも考えましたが、どうもそうではないようです。

ところがつい最近『ウソ』に、「実際にデータがそのようになっていればそう言わざるをえない」という他に責任を転嫁するかのような見出しをつけて訂正論文に記載したグラフの根拠を説明していることに気がつきました。そこには「(前略) しばらく考えた。そして月齢ごとに哺育方法別の発症率を算出すると、その平均値がそれぞれの哺育方法全体の発症率とみなせるのではないかというアイデアに到り、その結果を発表した。」と説明しています。この説明を読む限り、各乳児栄養の月齢ごとの見かけ上の発症率の平均をとったと受け取らざるを得ません。そこで３つの健診グループについて各月齢ごとの乳児栄養ごとに見かけ上の発症率の平均を出したところ、９項目中、７項目がＮＪ氏のデータとは大きく食い違う結果になりました。たとえば、乳児健診グループを例に、ＮＪ氏のデータを前に、私が出した値をその後ろの《　》内に示すと次のようになります。

母乳栄養７・２《６・４》：人工乳栄養６・８《６・４》：混合乳栄養６・３《７・７》

このように各月齢時の平均をとったのでは、母乳も人工乳もアトピー比率が変わらないことになります。ＮＪ氏のデータは各月齢時の平均ではない、すなわち同氏の説明は正確性を欠いていると言わざるを得ません。ＮＪ氏はさぞかし苦慮されたと思われます。それは「しばらく考えた」という表現でも明らかです。ＮＪ氏はこのデータをどのように算出したのか。その方法が分かりました。各月齢ごとの乳児栄養数を合算したものを分母に、各月齢の見かけ上のアトピー数を合算したものを分子にとってＮＪ氏は比率を算出したという結論に至りました。ただし計算ミスが一箇所があるようです。

訂正グラフのデータの算出方法は分かりましたが、この訂正グラフが何の意味もない、かえって人々に誤解をもたらす誤ったものであることは、第12章を読んでいただければ分かるはずです。統計情報部が行ったアトピー実態調査の集計データは、その概要をまとめた『厚生の指標』や『アトピー性皮膚炎生活指導ハンドブック』にも一切触れられておらず、このデータそのものが発症率を示すものではないと、早い段階から専門家の間で否定的に扱われていると推察できます。NJ氏は不可解な集計データをさらに加工してあくまでも発症率として発表しています。NJ氏が訂正したというグラフの決定的な矛盾点を一つあげておきます。グラフに示されている1歳6か月児検診グループも、また3歳児検診グループも栄養法については0か月から12か月時のものでの条件は同じはずです。なぜ同じ期間の発症率が前者に比べて後者では25パーセントから80パーセントも高くなるのか（図13・1を参照）。この重大な矛盾点こそこのグラフの虚構を端的に示しているのです。

NJ氏は本気かどうかはわかりませんが、この訂正論文を示して、相変わらず母乳哺育がアトピー発症率が最も高いが、体内暴露の影響はそれよりも大きいと記述しています。ところが、NJ氏の母乳哺育についての発言は二転三転しているようです。彼の著書『胎児からの警告――環境ホルモン・ダイオキシン複合汚染』[56]（以降『胎児からの警告』とする）のまえがき部分には次のように書かれています。この本はオランダのある研究者の学位論文をベースにしてまとめられたものです。

「母乳と人工乳で育てられた乳幼児についてもオランダと米国の研究から、一時世間に広まった母乳が危ないという説が杞憂であり、むしろ母乳哺育にメリットがあることも立証します。」

人騒がせなもう一つのグラフ

『周産期医学』に掲載されたNJ氏の訂正論文の中にもう一つの主要テーマとして「甲状腺ホルモン系」が取り上げられています。彼はダイオキシンに対する感受性は胎児が最も高いとして、アトピーに続いてもう一つの例として先天性甲状腺機能低下症のクレチン症を取り上げています。ダイオキシンの標的組織は甲状腺だというのです。そして1979年のマススクリーニング開始以来、発見患児数が増加しているとグラフで示しています。そして過去15年間に3倍も患者数が増えたと記述しています。マススクリーニングとは、発生率が低い疾患について予めある基準でふるいにかけて疑わしい者をある程度絞り込む手段であり、その後絞り込んだ集団について確定診が行われるものです。よってマススクリーニングで絞り込んだ人数と患者数とは異なるのです。私はクレチン症についてはまったくの門外漢ですから、念のために厚生省の家庭児童局を訪れて確認したことがあります。クレチン症のマススクリーニングは県によっても基準が異なる場合もあり、また患者を見逃さないようにふるいの目を見直していることから、絞り込んだ数の推移をグラフ化すること自体ナンセンスとのことです。また、クレチン症は増えてはいないとのことです。そもそもＮＪ氏が主張しているダイオキシンは、半世紀も前に使われた農薬由来であり、そのため体内汚染濃度は70年以降大きく低下してきたことから、それが原因ならばクレチン症はむしろ低下しなければなりません。

迷走

『ウソ』の著者は、２００７年になって全国実態調査のクロス集計の責任担当者であった厚労省のある参事官に集計方法について説明を受けたといいます。そして彼は、このクロス集計は極めて複雑なものであり、これを理解できる人はほとんどいないと思うと述べています。そのためこの著者もこれを誤って解釈していたと告発しています。そうであれば、あの99年の訂正したというグラフも怪しいことになります。

ところが、その後で「厚生省の報告書をよく理解してから発言してほしい」という見出しの下に、私や中西氏に対して理解し難い反論が展開されています。

濃縮化現象では、彼はアトピーの重症度に応じて母乳放棄率が低下することを認めながら、濃縮化現象は適用されないと主張しています。また、希釈化現象では、アトピー患者の人工乳への移行率が非アトピーグループに比べて明らかに低いことを認めながら、希釈化現象は影も形もないと断定しています。

話がそれますが、日露戦争時に、大陸に進出した陸軍兵士を2万8千人も脚気病で死なせた陸軍軍医（後の文豪森鷗外）がいます。彼は、自説の伝染病説に拘り、兵士の食事改善を拒み続けたために多くの兵士を死なせました。後にこの人物を、詭弁を弄して騙し通せば何万人を殺しても死刑にならないことを実証した、と評する評論家も現れました[57]。

生理的早産の状態で生まれる人間の乳児には、他の動物にはない特徴があります。一般の動物にとって母乳は誕生直後のひと時だけでも十分です。ところが成長速度が極端に遅い人間の乳児にとって母乳は、誕生後何か月も継続する必要があります。アトピーや食物アレルギーの原因は、主に人工乳や早すぎる離乳によることは国際的にも認められていることです。母乳がアトピーの原因であるかの説は、未だに多くの人々の意識の中にあるようですが、これはわが国の将来にとって禍根を残すことになります。ここでNJ氏の反論に異を唱えることは、前章の繰り返しになることから控えます。ここは、読者の方々が第12章を再読して、自ら検証して結論を出していただく必要があります。そうでなければ、この問題は未来永劫続くことになります。

第14章 環境ホルモン空騒ぎ

精子減少騒動

環境ホルモンという言葉は日本でつくられたマスコミ用語です。文部省（当時）の学術審議会は、1998年11月に環境ホルモンは学術用語ではなく、使う場合には内分泌攪乱物質という本来の専門用語を併記せよと勧告しています。しかしこの環境ホルモンというマスコミ用語は、さまざまな恐怖情報とともにたちまち一般に浸透しました。そして、その名を冠する学会まで登場し、環境や衛生学の専門書にもごくあたり前に使われるようになりましたが、それはダイオキシン法の制定を起点にしています。すなわち、環境ホルモンという用語の浸透と定着を促進してきたのは行政であり、ダイオキシン法の制定が国策として練られてきたことを示唆します。このマスコミ用語が登場しなければ、ダイオキシン騒動もあれほど過激なものにはならなかったと指摘する声があります。この一般受けする用語は、なにやら得体の知れない物質がわが子やその子孫を破滅に導いているという脅迫観念を人々に植えつけました。この用語が誕生するに至った経緯について憶測も交えながら簡単に振り返ることにします。環境ホルモンなる用語が最初に登場したのは、NHKの科学番組「サイエンスアイ」(1997年5月17日)です。横浜市大教授のIT氏が番組スタッフと打ち合わせて一般受けする「環境ホルモン」でいこうということで決まったといいます。この用語はNHK発でもあります。

1983年の朝日新聞の関西焼却炉からダイオキシン検出スクープに対して、NHKの記者は「やられた。」と発言したといいます。以来、朝日新聞とNHKは国のダイオキシン対策と連動するようにスクープを競うことになりました。NHKはこれまでの「最悪の猛毒で最強の発がん物質」という誤った古典的な観念を脱ぎ捨て、環境ホルモンメス化説へとダイオキシン報道の内容を大きく転換させたといえます。それは、これまで日本のメディアが盛んに報じてきたダイオキシンの恐怖情報のことごとくが誤りであり、欧米ではそれらをまったく問題にしていないことに気づき始めたことによると思われます。

英国のBBC放送が1993年にデボラ・キャドバリーが取材制作した化学物質汚染によるメス化を警告した科学番組「男性への攻撃」を放送します。この3年後にNHKはBS放送で「精子が減っていく」というタイトルで録画放映しましたが、これを契機にキャドバリーや『奪われし未来』[19]の著者の1人であるシーア・コルボーンとも親交のあるIT

氏をコメンテーターにした科学番組を制作し、そこで問題の新語の誕生につながったと考えられます。キャドバリーが制作した番組内容はその後『メス化する自然――環境ホルモン汚染の恐怖[20]』として刊行されます。その序文は次のような書き出しで始まっています。

「世界は究極の疫病の虜になっていた。不妊がペストのように広がった。終末はあまりにも突然やってきたのだ。あたかも一夜にして人類は繁殖の力を失ったかのようだった。世界の隅々まで大捜索を繰り広げた末、妊婦はどこにもいないと生物学者が宣言した。この星で産声が聞こえなくなってもう25年（以下略）」

この本に書かれた内容は米国で起こった有機塩素化合物の不法投棄による五大湖の環境汚染や日本の油症事件、あるいは化学製品にちなむ化学物質汚染をセンセーショナルに告発したもので、その内容は『奪われし未来』とダブルものがあります。有機塩素系農薬による自然破壊を告発した環境本のバイブルともいえる『沈黙の春[26]』の著者のレイチェル・カーソン、さらにはコルボーン、キャドバリーはいずれも女性です。彼女らの著書にはある共通した思い入れが感じとれます。それでは、男性が書いた環境本はどうでしょうか。これはIT氏が監修した『環境ホルモンの恐怖[58]』の表紙カバーにある「IT監修サイエンスメッセージ」には次のように記されています。

「精子数の激減、オスのメス化、雌雄同体、地球上のあらゆる生物の生殖を破壊しつつある環境ホルモン。いま世界で、日本でなにが起きているのか。人類に生き残る道はあるのか。驚愕の最新レポート……（以下略）」

『奪われし未来』に早くから触発されたジャーナリストにTT氏がいます。彼は東大の客員教授としてTTゼミを開き、学生と共に『環境ホルモン入門』(59)を出しています。それを読むと、彼は環境ホルモンにより青年の精子数激減やすぐキレる子どもの出現が起こっていると本気で信じておられるようです。少年の神戸連続児童殺害事件など、少年による凶暴な犯罪は環境ホルモンで説明できるといいます。

精子数の減少は1992年にデンマークのスキャ・ケベックが文献調査により精子が減少していると報告し、世界中に波紋を呼びました。欧米の多くの化学者はこの精子減少説の矛盾点を指摘して抗議しましたが、環境ホルモン（内分泌攪乱物質）による生殖障害を研究しているシーア・コルボーンらは彼の説に飛びつきました。しかし、その結果はどうであったか。その後、スキャ・ケベックはただ可能性を指摘しただけだと自説をトーンダウンさせます。デンマークに世界中から精子が送られて精子数の減少の検証が行われました。日本からもサンプルが送られたはずですが、私の情報収集能力欠如か一向に結果を聞きません。言われてきたことが事実であれば、今頃世界中で重大問題として取り上げられているはずです。多くのマスコミはセンセーショナルに報じて人心を攪乱させますが、都合の悪い真実には一切口を閉じて報じません。ダイオキシン対策と関連してわが国でも調査が行われましたが、精子数減少の事実は認めていません。今でこそオカルト話と一笑に伏されますが、当時はＴＴ氏がそうであるように真剣にそれを説いたマスコミ関係者もいました。

　ダイオキシン騒動の火付け役として環境ホルモンは見事に当たり、国中を騒動の渦に巻き込みました。各省庁が研究班を開設して対策を検討しましたが、この分野の権威であるＩＴ氏はその研究班メンバーに名を連ねています。67種の物質が生殖障害をもたらす環境ホルモンの候補にあがり、それらについて検討しました。結果はいずれも無罪でした。結果がはっきりしたことはよかったが、縦割り行政の各省庁がバラバラに行ったこの検査にどれほどの国費が垂れ流されたか。またどれほどの数の研究者がその研究費に群がったことか。環境ホルモン空騒ぎ、環境ホルモンから学者の遁走が始まったという言葉は中西準子氏の発言[60]ですが、これは環境ホルモン騒動の顛末を端的に表現したものです。ＩＴ氏によると、環境ホルモンの分野は研究者が少なく、研究手法も確立していないようです。研究者の層も薄くこの分野の研究はこれからだといいます。それにしてはあまりにも大きな花火を打ち上げたものです。その後IT氏は急にマスコミを遠ざけるようになり、講演会では聴衆に向かって「みなさんあまり騒ぎ立てないでください、環境ホルモンは本物のホルモンの1万倍、あるいはそれ以上の濃度でなければ作用しません」と騒動の打ち消しに躍起になったといいます。

人類が滅亡するほどに環境汚染は深刻化していると警告する『奪われし未来』は多くの人々に新たな危機感を植えつけました。しかし、その内容はどうであったでしょうか。これには、これまでに米国政府がダイオキシンの研究のために投入してきた30億ドルもの研究費は無駄であったと記述しています。ダイオキシンの発がん性や猛毒もすべて的外れだと述べているのです。そして彼女が期待したのが生殖障害です。しかしその寄りどころとして期待した精子減少は脆くも崩れたようです。同じ女性の環境学者アン・ナダカブカレンが書いた『地球環境と人間』[10]はバランスのとれた名著です。彼女は、ダイオキシンについて、もはや何も心配することはないと主張する科学者は多いが、国民が心配するから今までの規制を緩めるわけにはいかないだろうと記述しています。この本が当時、米国の大学で環境学の入門書として最も広く読まれたということに安堵します。

妊婦を脅迫してはならない

ダイオキシン恐怖情報は、神経が過敏になりがちな妊婦を主な標的にしたものでした。これがいかに罪深いことであるかを示す歴史的事例がわが国にあります。１９６６年の年間出生数が例年に比べて50万人も減るという前代未聞の出来事が起こりました。この年は干支でいう60年に一度の丙午年にあたります。「この年に生まれた女は夫を食い殺す。」という、江戸時代の八百屋お七が起こした江戸の大火事にかこつけた迷信が、科学が進歩した高度経済成長の真っただ中ですら一種の偏見となって成長したことを示します。この年には出生数の異常な減少だけでなく、人工死産率の異常な増加が起こっていました。死産は妊娠12週以降の胎児の死であり、人口死産は母体保護など特殊ケースにおける人為的処置による胎児の死です。本来ならば生まれたはずの胎児の命がどれほど人為的に奪われたか、概算するとおよそ3万人に近い数になります。これほど酷く悲しいことを妊婦にさせたものは社会にはびこる言われなき偏見です。妊婦の心理はそれほどに過敏になっているのです。

イタリアのセベソという町で１９７５年に農薬工場からダイオキシンを含む農薬が大量に噴出して、この町の狭い一角に降り注いだ事故については第3章で述べました。この事件では数千人が高濃度のダイオキシンに暴露しましたが、犠牲者は1人も出ず、150人ほどが一過性の塩素ニキビを発症しただけでした。イタリアはカトリックの国であり、中絶が厳しく禁じられています。ところが被曝した妊婦から奇形児出産を心配する声が高まり、国は止むなく妊娠3か月までの妊婦に限り中絶を認めました。80件ほどが合法的に中絶しましたが、中絶を知られるのを恐れて海外や闇の中絶が後を絶たず、闇の中絶で死亡した妊婦も出たといいます。また、農薬工場の管理人がテロリストに殺害される事件まで発生しました。日本の油症事件では、ダイオキシンに依ることがかなり後になってから分かったことが幸いしました。これが中毒事件発生直後であったら大変な惨事になっていたでしょう。真実を知らなかったことが幸いしたのは皮肉なことです。

日本発のメス化騒動

幕末時代から今日までわが国は、ひたすら欧米の科学を模倣することに努めてきました。歴史の古い物理学、数学、化学などの学問であればそれで何の問題もありませんが、歴史の浅い環境科学には確立された基盤がありません。目まぐるしく進化を続ける瞬間の知識を鵜呑みにして、それがあたかも自分の能力であるかのように錯覚して頑なに主張する人々はこの国には多いようです。未だに、枯葉剤でベトちゃん・ドクちゃんのような二重合体児が数多く出現したと人々を脅かす学者はその典型的な例です。模倣した知識を絶対視する人々は『メス化する自然』[20]を探し求め、ついにその事実をつかんだと大きく犬の遠吠えを発しました。

「男の子よいずこへ」というサブタイトルを掲げた環境シンポジウムも開かれました。私はかつて渡辺正氏の肝いりで行われた、正しい理科教育に向けた教育者対象のフォーラムで話す機会がありました。そのときにメス化が起こって男が生まれなくなった現状をどのように考えているのかというお叱りともとれる意見が参加者から出ました。男の子が母胎内で母親が摂った環境ホルモンに暴露して女になって生まれているというのです。

このようなオカルト話を今も信じている人は少なくないでしょう。しかし、日本で男女の出生数の統計がとられるようになってから百年以上になりますが、これまで女の数が男の数を上回ったことは一度もありません（図14・1参照）。出生性比は女性を百としてそれに対する男の比率で表されます。明治の１９０６年の丙午年前後の大きなアップダウンは生まれた娘が将来いわれなき中傷を受けることを案じた親が出生届けを操作したことによるもので、それでも女が男の数を上回っておらず、出生性比は一貫して１０５前後であり、いつの年も生まれる数は男が女よりも５％ほど多くなっています。男がつねに多く生まれる理由は、男の性を決定するY染色体の精子数が女を決めるX染色体の精子数よりも多い

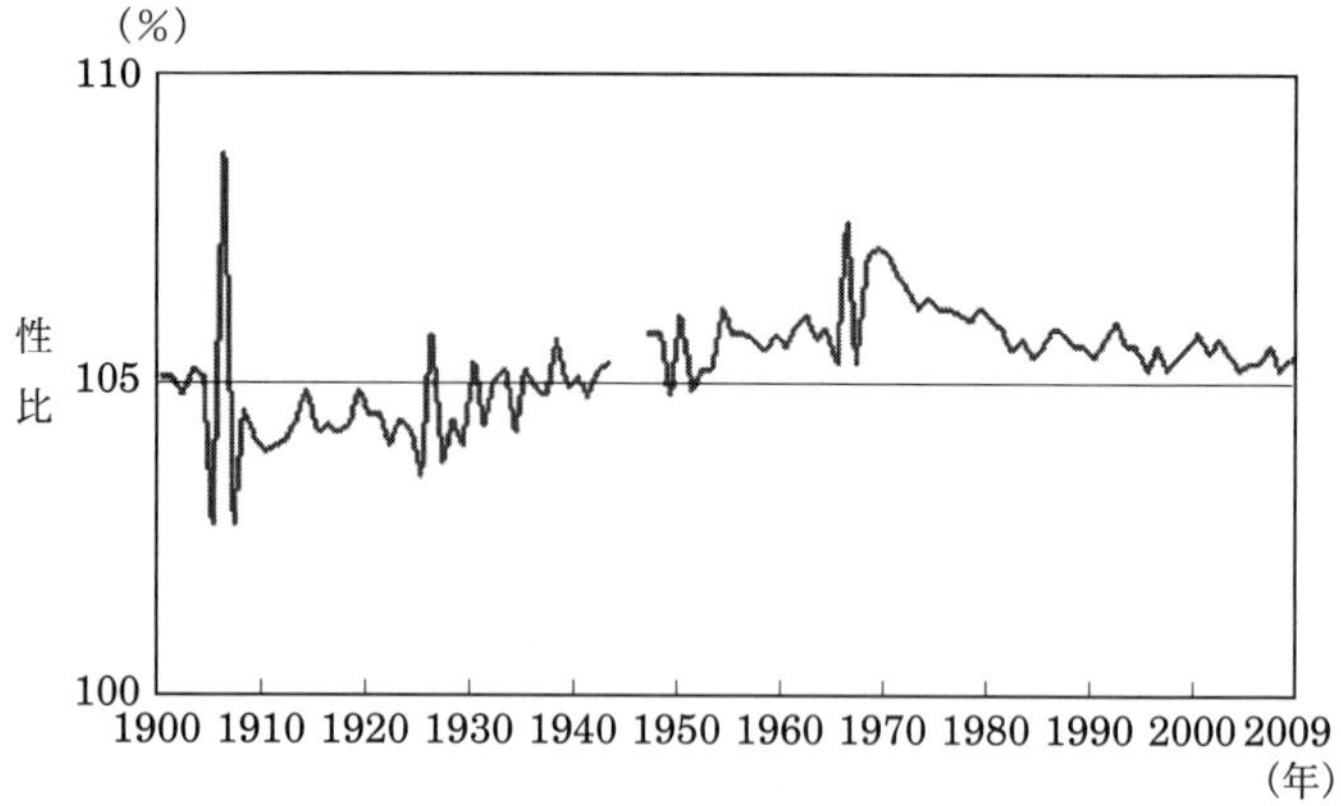

図14・1　出生性比

ことによるといいます。

何とかして環境ホルモンがメス化を起こしているとする事実を探し求めている人たちは１９７０年から１９９６年にかけて出生性比が１０７・５から１０５・５と漸減していることを見逃しませんでした。彼らはこれをとらえてメス化が起こっていると騒ぎたてました。確かに１９７０年から１９９６年の26年間に出生性比が２％ほど低下しています。この出生性比低下を多くの人は環境ホルモンに関連づけましたが、ある教育学者は１９７０年頃から普及したリモコンによる電磁波が原因ではないかと「子ども白書」に書いています。しかしリモコンの普及は一気に起こったため、それが原因ならば男子が生まれる数も一気に減少するはずです。ここで思考回路を変えてみましょう。精子数減少がそうでしたが、仮説に仮説を次々と重ねて人類滅亡説まで登場しました。過去30年間に精子数が半減した可能性がある。あと30年もすると精子数はさらに半減して、すぐにも妊娠不能に陥り、やがて人類は滅亡する。精子の減少が仮説ですから、それを実証しなければその先は論じることはできないはずです。ところが、ここでも同じ過ちが繰り返されたのです。出生性比の統計データそのものが真実を示したものであるか、言われているような妊娠のごく初期に男が女に性転換したという事実を証明しなければ、その先の環境ホルモン説は論じることができないのです。

要するに環境ホルモン云々を持ち出す前にメス化が起こっている事実を証明することです。視点を変えれば、それを確認することは簡単です。出生数と死産数を合算した出生前の母胎内胎児性比を70年と96年について比較すればその問いは解けます。具体的には［男の出生数＋男の死産数］÷［女の出生数＋女の死産数］に１００を掛ければよいのです。そうすると両年とも出生前胎児性比はほぼ１０８近辺になり、母胎内でメス化が起こるというオカルト現象は起こっていないことが分かります。思考回路を変えれば中学生でも証明できることがお分かりいただけると思います。

それにしても、なぜ出生性比が70年から突然低下を始めたのか。そのカギは死産性比にあります。１９７０年から突如人工死産性比が急激に上昇し、２００５年には２７０と2倍にも増加しています（図14・2参照）。男の子が優先的に間引かれていることが分かりま

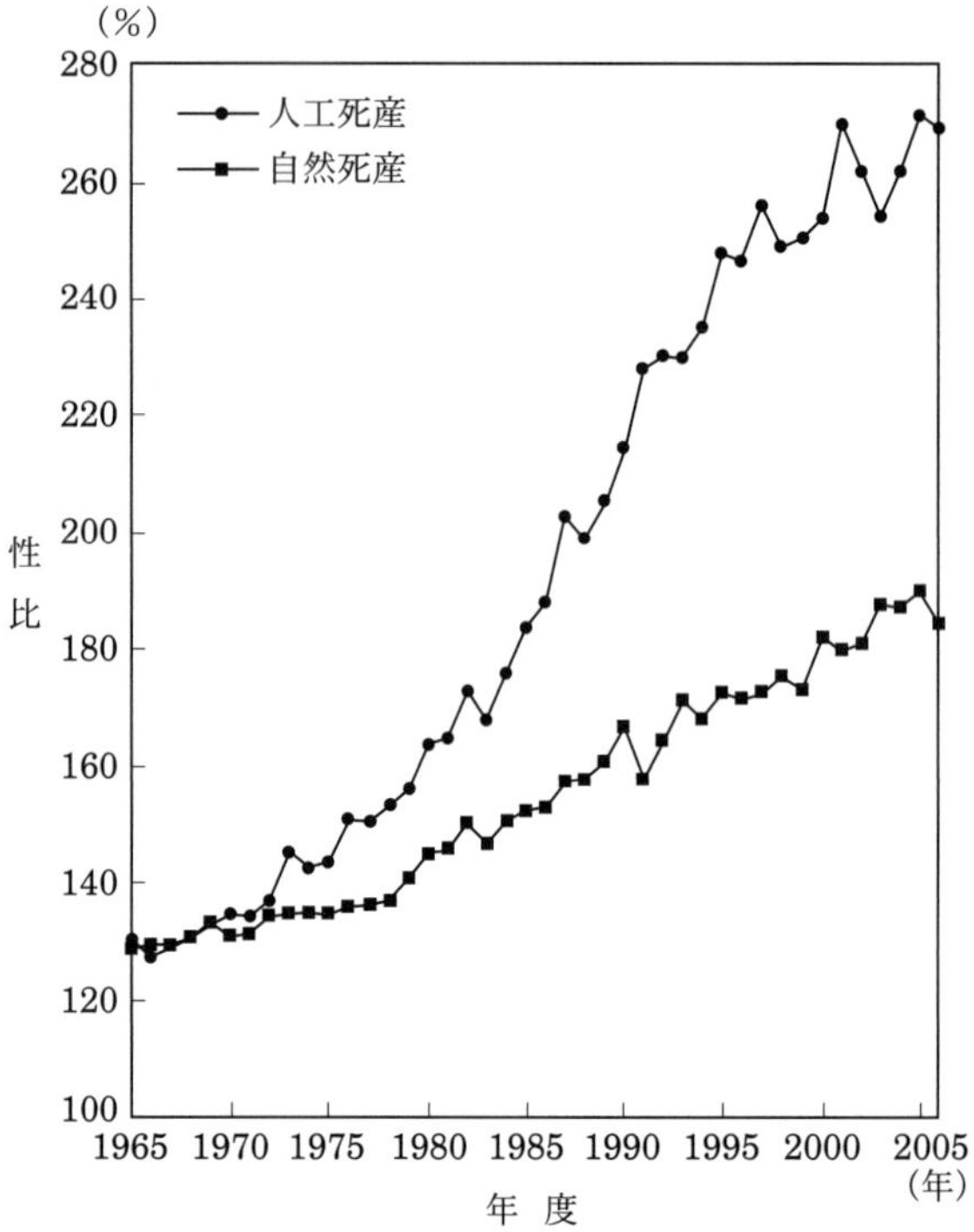

図14・2　死産（自然と人工）の性比に関する年次推移
（Yomiuri Weekly 2003、6、22）

す。男の出生比率が低下するはずです。なぜそれが１９７０年代かというと、この年から胎児の性別判定が一般に普及し始めたことによります。超音波による胎児性別判定技術を世界で最初に開発したのは私の郷里でもある京都の綾部にある産婦人科医であり、彼はこの功績によりカリフォルニア大から名誉助教授を授与されたといいます。それにしても、胎児の性別判定技術が66年以前であったと考えると、そら恐ろしい限りです。この丙午年には、大量の女の子が間引かれるという、メス化ならぬ驚異的なオス化現象が起こっていたことは間違いないでしょう。本当に恐ろしいものは環境ホルモンではなく人間が発する風聞です。

胎児の性別判定は羊水検査でも行われるようになりましたが、これが社会問題化しています。中国では一人っ子政策により女の子が間引かれて、今では嫁不足からベトナム女性の売買など国際問題になっています。お隣の韓国も地方都市では出生性比が極端に高くなり、メス化ではなくオス化が起こっています。

イタリア・セベソのメス化騒動

男の胎児が女になるというメス化騒動の発端は、1976年にイタリアのセベソで起こった農薬工場の爆発事故です。この事故で奇形児の出産を案じた妊婦が堕胎したことにより、多くの胎児の命が奪われたことは第3章で述べました。この事故の直後に妊娠した母親から生まれた児の出生性比が極端に低くなっており、男が生まれる割合が激減したことが大きな話題になりました。WHOのダイオキシン健康リスク評価部会も、この問題を取り上げています。

しかし、日本で起こった丙午年の出生数激減や、1970年からの死産性比の急増など、環境の悪化ではなく、情動的な要素が影響したと考える必要があります。特に劣性遺伝の影響を受けやすい男は間引きの対象になる確率が高い上に、イタリアでは宗教的戒律から闇の堕胎が横行して統計データに反映されない人為的死産があることも考慮しなければなりません。見かけ上の出生性比だけを見ていたのでは、真実は見抜けないのです。

第15章 小型焼却炉を全廃させた赤ちゃん死捏造情報

ダイオキシン騒動発祥の地　所沢

■標的にされた所沢

埼玉県所沢市近辺の「産廃銀座」は、わが国で起こった一連のダイオキシン騒動の発祥の地として社会史に記録されるかもしれません。わが国で勃発したダイオキシン騒動の第一号は、当時摂南大学のＭＨ氏による所沢産廃銀座周辺土壌のサンプリング場面の公開と、それに引き続いて行われた同氏の報告によって導火線に火がつけられて始まります。所沢で発生した炎はやがて燎原《りょうげん》の火のように燃え拡がり、全国各地での犬の遠吠えを喚起させました。

そして全国で勃発した騒動もやがて終息の時を迎えます。それをもたらしたのも所沢でした。テレビ朝日の所沢産野菜のダイオキシン汚染報道がそれです。この特集番組が一連の騒動の臨界点となって一気にダイオキシン法が制定されました。それにしてもこの番組には、重大な背信がありました。番組で公開された野菜の分析値はもとより、野菜提供者から証拠試料まで、自作自演ともいえる内容であったことが最高裁の法廷の場で明らかにされたことは既に第10章で解説した通りです。この番組報道を待っていたかのように三省庁（厚生省（当時）・農水省・環境庁（当時））が合同会議を開設し、公明・民主・共産、さらにはＴＲ氏率いる国民会議が相次いでダイオキシン法案を提出し、放送からわずか半年ほどでダイオキシン法案が可決されました。

　このダイオキシン法は、熱心な市民運動家が国会議員に働きかけてできたこれまでになかった市民参加型の画期的な法律と評価されています。このことは、この法制化には環境ＮＧＯが深く関わっていることを示唆しているのです。とりわけＭＨ氏の影響を強く受けている所沢で展開したＮＧＯは、全国の環境ＮＧＯを動かすほどの存在になっていました。それは、大阪府能勢町で起こった焼却炉を巡るダイオキシン騒動の際に、所沢のＮＧＯが市民運動の指南のために出向いたとされることでも推察できます。このＮＧＯがダイオキシン法の制定に向けていかなる政治的活動を行ったのかは闇の中ですが、彼らが出した『「ゴミ焼却」が赤ちゃんを殺すとき』[11]（以降『赤ちゃんを殺すとき』とする）から活動内容の本質を解き明かすことにします。

■所沢産廃ゴミ焼却問題

１９８０年代に起こった狂乱のバブル期に建設ラッシュが起こり大量の建築廃材が発生しました。東京都で発生した建築廃材が埼玉県の所沢のくぬぎ山一体で大量に焼却されていました。この一画だけで当時16基の小型焼却炉が集中しており、昼夜を問わず焼却が行われていたといいますから、周辺住民が大いに迷惑したことは察して余りあるものがあります。この時代はゴミ焼却だけでなく、ゴミの不法投棄など悪質な環境汚染が全国的に発生していました。これはバブルの影響だけではなく、国や地方自治体の行政が業者優先、国民不在であることによるものです。ダイオキシン騒動の画策は、まさにバブル期に始まり90年代からの冷戦構造の崩壊に伴う未曽有の平成不況とともに一気に進みました。ダイオキシン騒動の画策と構造不況下に喘ぐ重厚長大な産業界と無縁ではないようです。

そのような中で産廃ゴミ焼却問題を抱える所沢には熱心な市民活動家もおり、ダイオキシン騒動を画策する人々にとっては格好の拠点になったといえます。所沢の市民活動を一新させたのはＭＨ氏の登場です。とりわけ１９９５年1月のＭＨ氏によるゴミ焼却によって発生するダイオキシンの恐怖情報は、所沢市民を震え上がらせるのに十分な効果があったようです。これを境に所沢で30近い数の反ダイオキシンの市民団体が結成され、中には所沢市長を、多くの無念の死をもたらしたとして刑事告訴する団体まで現れました。

ＭＨ氏は環境ＮＧＯのメンバーが執筆したダイオキシン本の監修者になる他、ＭＨ氏の著書に先のテレビ朝日特集番組で主役的役割を演じた市民運動家を執筆者に加えるなど、市民運動との結束を強めます。ＭＨ氏が環境ＮＧＯに何を指示したか、これは具体的には分かりませんが、あったとしたら国民会議代表のＴＲ氏が日頃主張している「犬の遠吠え」を発することではなかったかと推測されます。それはダイオキシンによる人体への被害です。しかし、世界中で起こったダイオキシン高濃度暴露事件でも犠牲者は１人もなく、症状もせいぜい一過性の皮膚炎に終始したことでも分かるように、ゴミ焼却で発生する希薄なダイオキシンで被害者が出る確率は限りなくゼロに近いのです。彼らはそれを求めて懸命な活動を展開したようですが、それは実害を見つけ出すのではなく、つくり出すという方向に進んだようです。その具体的な事実を拾っていきます。

所沢赤ちゃん死増加のトリック

子育てについて時折怖い話を出して世のお母さん方を心配させて本を買わせているある名の知られた教育学者がいます。70年から急に出生性比が低下し出したのは、リモコンによる電磁波のせいではないか、と妊婦さんを心配させたのもこの学者です。彼は私に、怖い話は人口動態統計から拾っていると語ったことがあります。埼玉のＮＧＯもこの教育学者からヒントを得たわけでもないでしょうが、人口動態統計から怖い話をつくり出す作業を行います。その結果、所沢の新生児死亡率が産廃銀座でゴミを燃やし始めてから、対県比で急増していると浦和の県庁にある記者クラブにマスコミ関係者を集めて告発しました。このときどのような資料が公開されたかは分かりませんが、このNGOはなんとか所沢で赤ちゃんが殺されているということをアピールするためにさまざまなグラフを作成しており、これはその一つです（図15・1参照）。

この告発を聞いたマスコミ各社は、一斉に所沢の新生児死亡率増加を報じます。「所沢チェルノブイリ」という見出しで原発事故並みに扱う週刊誌も現れました。このニュースが全国に流れたために、誰もがダイオキシンによって現実に被害者が出ていると深刻に受けとめたのです。

ところで、話がやや離れますが、新生児死亡率に関して説明します。フランスにエマニエル・トッドという名の知られた人類学者がいます。彼は若いころWHOの人類動態統計を眺めて、ソ連の乳児死亡率が1970年ごろから急に増加していることに気付き、この大国が間もなく崩壊することを予見する本を出しています。その15年後にソ連という国は完全に地球上から姿を消します。彼は、また米国の幼児死亡率がポーランド並みに増加してきたことに気付き、マネーゲームに奔走して貧富の格差が拡大している米国は間違いな

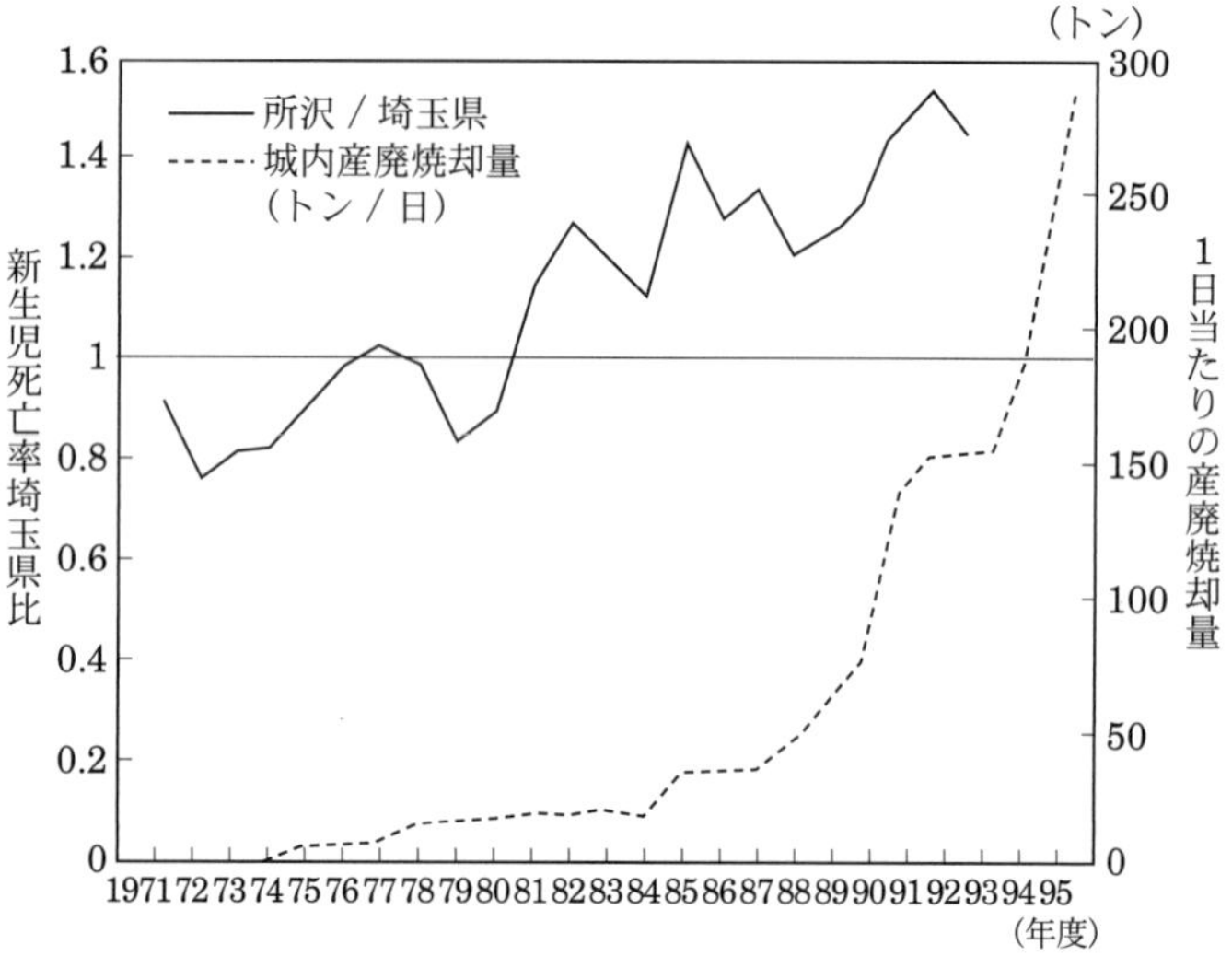

図15・1　所沢市の新生児死亡率（対埼玉県比）とくぬぎ山 ～ 所沢インター周辺における産廃焼却量の推移

く衰退に向かっていると指摘しました。これも米国がこの数年後にサブプライムローンの破綻で国際金融危機を招いたことで見事に予見したと評価されています。[40] このように乳幼児の死亡率は、単に病気だけでなく、その国の経済状況や社会状況、社会福祉制度などさまざまな要因を反映しています。とりわけ乳児はそれらの影響を最も強く受けます。それだけに乳児の死亡率は慎重に解析しなければなりません。新生児死亡率はその年に生まれた乳児1、000人あたり、生後4週間未満に亡くなった乳児の数で表されます。ちなみに、乳児死亡率は生後1年未満の死亡数を乳児1、000人当たりで表すことが国際的に決められています。

それでは、先ほどのNGOによるグラフを検証してみましょう。このグラフは1970年から1996年までの人口動態統計のデータが活用されています。産廃ゴミ焼却が1980年から始まり、1996年には日量300トン近くに達したことが分かります。新生児死亡率は、1980年のゴミ焼却と連動しているかのように対県比が増加していることを示しています。このNGOはこのようなグラフをつくり、新生児死亡率がゴミ焼却とともに増加してきた、死亡率増加とゴミ焼却量は相関すると盛んに主張しました。確かにこのグラフを見れば、誰でもそのように感じざるを得ないでしょう。しかし、国際的に決められた指標の新生児死亡率に括弧書きで対県比をつけるあたり、なにやらうさん臭いものを感じさせます。

本物の新生児死亡率を表したものが図15・2です。わが国の新生児死亡率は昭和初期（1930）には124・1と異常に高い状態にありましたが、戦後急速に改善され1960年には30・7まで低下し、その後も減少を続け、今では世界一新生児死亡率が低い国になっています。日本国民は環境だけでなく社会福祉などさまざまな要因を総合して最も恵まれた生活環境下で暮らしていることになります。

新生児死亡率も1960年17・0から1970年には8・7となり、1996年には

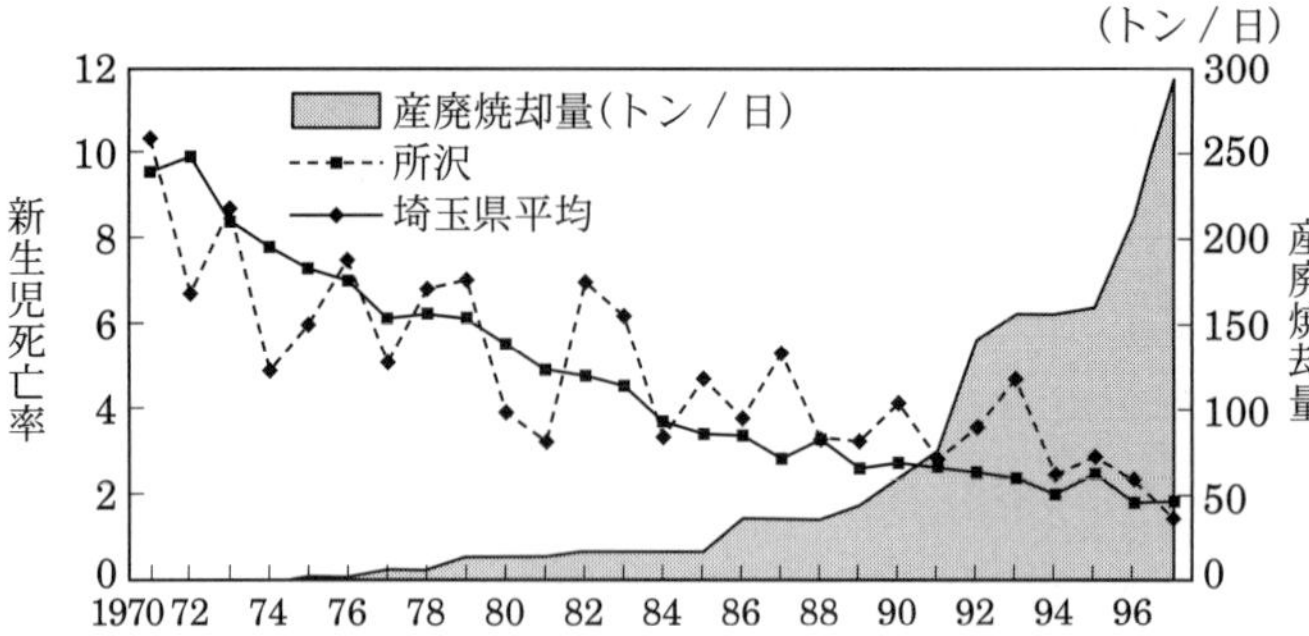

図15・2　埼玉県および所沢市新生児死亡率と産廃焼却量の年次推移

２・０までと順調に改善しています。このグラフは１９７０年から１９９６年までの新生児死亡率の推移を埼玉県と所沢市について示したものです。先ほどのＮＧＯ作成のグラフと見比べてください。こちらが正式のグラフです。同じグラフでも随分と違ったイメージになることに気がつかれると思います。正式のグラフでは新生児死亡率は埼玉県も、また所沢市も１９７０年の10前後から１９９６年では埼玉県で１・８、所沢市では１・５となり、どちらも新生児死亡率はほぼ一貫して低下してきたことが分かります。所沢の新生児死亡率の増加という現象はこの26年間起こっておらず、ゴミ焼却とともに死亡率が増加したという事実はないということを押さえておかなければなりません。

　このＮＧＯは死亡率の増加と焼却量の増加が相関していると主張していますが、１９９４年の新生児死亡率は２・９、ゴミ焼却量１６０トンから、１９９６年の焼却量は294トンと1・8倍に増加したにもかかわらず、1996年の新生児死亡率は1・5と記録的に低い結果となっています。彼らの主張とはまったく逆の結果になっているのです。なぜこのようなことが起こったのか。それは、これらの事実を無視して赤ちゃん死ありきのデータを引き出すために、次の二つのトリックを使ったことによります。その一つは新生児死亡率に対県比を導入したことであり、もう一つは都合の悪いデータを消去する平準化（移動平均）とでも呼ぶ処理を行ったことです。

新生児死亡率は先に説明したように1、000人当たりの死亡数で表され、わが国は2人程度です。ということは、偶然亡くなる赤ちゃんが1人増えただけで、死亡率は50％も増加することになります。要するに新生児死亡率は、1、000人程度の母集団に適用するべきではないのです。所沢では1996年頃の年間出生数は3、000人程度でしたから、死亡者が偶然1人増えただけで新生児死亡率は17％ほど高くなります。このNGOは偶然この状態が4年ほど続いた92年から1995年を利用したにすぎません。

そして、グラフの凸凹を消して死亡率が確実に増加したかのように見せるために、各年を挟んだ両年の死亡率を合算して平均をとり、それをプロットしたのです。機械工学の分野では製品検査などで自社製品の性能を高く見せるためにノイズを消し去る操作が行われているようですが、これを単純に死亡率に用いたことになります。このNGOは平準化したグラフを作成し、産廃ゴミ焼却が始まった1980年代から死亡率の増加が起こり、それは焼却量と相関していると主張しています。しかし、この死亡率は各年の焼却量をピンポイントに示したものではないところに矛盾があります。死亡率の平準化の最大の目的は、都合の悪いデータの消去にあったことは間違いなさそうです。先に紹介したNGOのグラフからは、1970年の死亡率が埼玉県よりも高かった事実や、1980年代にも何度も埼玉県を下回ったことが消されています。また、1996年のゴミ焼却量が300トンに近づいたときの記録的に低い死亡率1・5という事実も消されています。『赤ちゃんを殺すとき』に新生児死亡率とゴミ焼却量が相関するというグラフが記載され、縦軸が対県比の死亡率、横軸がゴミ焼却量で示されています。この死亡率は平準化したものではなく、各年度のもので表せば焼却量が最大のときに最低の死亡率になることから、このNGOがつくったグラフのからくりが一目瞭然になります。

所沢市の隣町の三芳町の新生児死亡率が平準化した数値でグラフ化され、高い死亡率が『赤ちゃんを殺すとき』に強調されています。三芳町の年間出生数は300人程度ですから、新生児が亡くなる数は年間に0～3人、新生児死亡率は0～9と大きく変動します。これを平準化し、何度か訪れる0を消すことにより、死亡率が常にある高さにあるかのようなイメージを読者に与えています。それでは、死亡率が高いから平準化しても高くなるのだという意見もあるでしょうが、そもそも３００人の母集団では偶然誤差が大きく、本来新生児死亡率で示すこと自体に問題があるのです。このＮＧＯは偶発的な新生児死亡を利用して、埼玉県の杉戸町が家庭ゴミを焼却していた時代の死亡率が異常に高い、と騒動の火種をつくり出した経緯があります。杉戸町の役場職員は統計の都合の良いところをとったただけのものと反論したといいますが、これは至極当然の見解です。そして『赤ちゃんを殺すとき』では、「産廃ゴミ焼却によって新生児死亡率が急増」という見出しをつけて、対県比の死亡率を国際指標の新生児死亡率であるかのようにすり替えているのです。

以上をまとめると、所沢で産廃ゴミ焼却により発生したダイオキシンで赤ちゃんが殺されているという事実は、どこにもないことが分かります。なぜなら、ダイオキシンを持ち出すまでもなく、赤ちゃんの死亡率そのものが増加しているという確かな痕跡すら認められないからです。

それにしても、マスコミはこのＮＧＯの不可解なデータに誰も異議を発しなかったのでしょうか。この犬の遠吠えは、ひと際大きく全国に轟きました。

正体を現した環境NGO

■環境NGOの変貌

自然豊かなくぬぎ山を産廃銀座に変えた産廃業者に抗議する純粋な市民運動グループが、いつの間にかモンスターに変貌しました。それを痛切に感じたのは、『赤ちゃんを殺すとき』の後編を読んだときです。後編は次のような書き出しで始まります。

「ここまで、新生児の命が「合法的」な産廃焼却によって奪われている事態を、公的なデータを基に分析を進めてきました。(中略)産廃焼却の影響だけをみていたのでは、解決できない問題が出てきたのです。」

悪質な産廃業者を告発してきたはずの市民団体が、ここで一転してカギ括弧つきで「合法的な産廃焼却」と業者の合法性を正当化し、むしろ家庭ゴミの自家焼却や小型焼却炉に攻撃の的を変えていったことは衝撃です。この市民団体と産廃業者が手を結んだことをにおわせます。

このNGOは、産廃ゴミの焼却が行われていない自治体で、所沢の赤ちゃん死とは比べものにならない異常な新生児死亡率があると告発しています。所沢では対県比という姑息ともとれる手法で赤ちゃん死増加が強調されましたが、ここでは堂々と新生児死亡率で示しています。そしてデータの出典を国が行った最も信頼できる人口動態統計より、何人《なんぴと》も異議を挟む余地はないかのような見出しをつけて、赤ちゃんの異常死を告発しています。そして家庭ゴミの自家焼却が異常な赤ちゃん死をもたらしているとして、全国の学校や事業所の小型焼却炉全廃に向けた運動を展開します。所沢の野焼き同然の産廃ゴミ焼却を憂慮していた善良な市民の怒りを巧みに増幅させ、その余勢を利用して小型焼却炉全廃運動を画策したかのようです。すなわち、彼らの活動の最終目的はここにあったとほぼ断定できそうです。産廃業者は市民運動のお蔭で焼却炉改造のための公的な補助金を獲得し、また割り箸一本燃やしてはならないとする国民から物を燃やす権利を奪うこのＮＧＯの活動は、大型焼却炉メーカだけでなく、産廃業者にとってもビジネスチャンスを拡大することになったのです。

■統計でウソをつく

それでは、全国を揺るがした家庭ゴミの自家焼却が赤ちゃんを殺すという神話は、どのようにしてつくり出されたのか、検証しましょう。あきれるほど単純なトリックが使われたことに唖然とされるかもしれません。

全国の市町村の合併とダイオキシン法に基づいた大型焼却炉による広域ごみ政策とは表裏一体の関係にあります。ここで取り上げる過疎の町村をターゲットにした異常な赤ちゃん死の画策は、先の二つの政策を推進するための地ならし役を果たしたととらえることができます。

１９９６年段階までは埼玉県には規模の小さな町や村の自治体が数多く存在していました。このＮＧＯは、埼玉県の自治体について１９８９年から１９９４年の合算した出生数と死亡数から新生児死亡率を算出し、死亡率の上位20位の自治体を棒グラフで示しました。そして上位にある自治体の多くが家庭自家焼却の補助金制度を採用していると告発します。最も死亡率が高い自治体は吉田町の１１・４９で、これは全国値の5倍になります。所沢のように対県比という姑息な手段を用いなくても国民に赤ちゃんの異常死をアピールできたのです。

ところで、新生児死亡率は各年の出生数をベースにして算出しますから、6年分を合算して求めたこの値を新生児死亡率とするのは誤りです。埼玉県の新生児死亡率は全国的にも低い優良な県です。この県で異常に死亡率の高い自治体があれば、それ以上に低い自治体が数多くあるはずです。そこで、このＮＧＯの手法に従って彼らが言う新生児死亡率を

表15・1　埼玉県全市町村新生児死亡率（1989－1994年）上位・下位10位

新生児死亡率上位				新生児死亡率下位			
順位	市町村名	出生数	死亡率	順位	市町村名	出生数	死亡率
1	吉田町	63	11.49	1	名栗村	17	0
2	荒川村	38	6.41	1	嵐山町	156	0
3	栗橋町	154	6.37	1	都幾川村	75	0
4	川里村	59	5.75	1	玉川村	40	0
5	美里町	104	5.31	1	川島町	175	0
6	鳩山町	104	5.17	1	横瀬町	114	0
7	日高町	436	4.70	1	長瀞町	81	0
8	上里町	226	4.57	1	両神村	33	0
9	滑川町	113	4.44	1	大滝村	24	0
10	小鹿野町	143	4.20	1	東秩父村	43	0

当時の各自治体について求めてみました。そして上位10位と下位10位を表15・1に示しました。なお、表には1989年の出生数も参考のために記載しています。

これを眺めて、ある共通性に気づかれた方も多いと思います。すなわち、上位も、また下位もいずれも出生数の少ない規模の小さな自治体に限定していることを。6年分を合算しても出生数が1、000人を超えるところはほんのわずかです。このNGOは偶然死亡率が高いところをとらえて、自家焼却にこじつけたにすぎません。死亡率がゼロの自治体が10以上もありますが、これについては5つの自治体名をあげて、いずれも自家焼却補助金制度を採用していない自治体だと一行も満たないスペースに書き、他にゼロのところがあることの説明を省いています。あたかも自家焼却がなければ新生児死亡率はゼロになるかのようであり、新生児の死亡は自家焼却がもたらしているかのようです。

ところが、私が下位10町村について自治体の環境課に問い合わせて確認したところ、連絡の取れたところはいずれも当時は自家焼却を推奨していたということでした。考えてみれば、当時全国にある過疎の町村では家庭ごみ焼却補助金支給の有る無しにかかわらず、ほとんどの民家でごみの自家焼却が行われていたのです。このNGOはこのような事実を伏せたまま国民を欺いたことになります。

この新生児死亡率問題は情報を解析する上で格好の教材であり、15年来テキストに取り上げて授業の中で演習的に利用してきました。中高の鸚鵡返しの学習に浸ってきた学生の中には、人口動態統計から算出した値を絶対視する者が少なからずいます。そのような学生には、次のように解説しています。

「1、000人の新生児を100人づつ10個のブロックに振り分けます。ここでは、各ブロックを自治体の町村と仮定します。生後4週までに亡くなる新生児死亡率はその年に誕生した乳児1、000人当たりの数で表わされ、1996年頃の全国値は2・0です。ここではこの値を適用することにします。

それでは、あるブロックで新生児が1人亡くなったとすると、この自治体の新生児死亡率は［（1、000÷100）×1］より10となり、全国値よりも5倍も高いことになります。また、偶然同じブロックで2人亡くなると、この自治体の新生児死亡率は20という異常に高い値になります。しかし、その他大部分の自治体の新生児死亡率はゼロということになります。

過疎の自治体ではどこでも家庭ゴミは自家焼却が行われていました。あるNGOはこの事実を公表せず、高い新生児死亡率が自家焼却でもたらされていると告発しました。

皆さんは、このNGOの告発は正しいと考えますか。また、問題があるとすればどこにあるのか、それを指摘してください。」

死亡率をこのような母集団規模の小さな集団に適用してはならないと学生には指導しています。それにしても子どもっぽい手口にまんまと引っかかったものです。『統計でウソをつく法――数式を使わない統計学入門(61)』という本がありますが、まさにここに書かれたのと同じ手法で日本中が騙されたことになります。

このような驚愕のデータ加工を行って国を動かした人物は、MH教授の助手のようにサンプリングなど研究の手助けをしたとされるTM氏です。所沢の赤ちゃん死から、この家庭自家焼却による赤ちゃん死のグラフ化など、ＭＨ氏がどれだけ関わったかは分かりませんが、それにしても随分と大胆なことをしたものです。しかしこれは前に解析したアトピー全国実態調査報告書を誤って解釈したのとは根本的に異なり、人為的操作と言わざるを得ません。

明らかにダイオキシン恐怖をデッチ上げて小型焼却炉を全廃させるために、意図的にデータ加工を行ったといわれても致し方ないでしょう。これによって全国にある学校の焼却炉や商店や中小企業の既存焼却炉は全廃にされて、ハイテク大型高温連続焼却炉が導入されることになったのです。このＮＧＯはわが国の経済を破綻へと導き、一部の集団にのみ利益をもたらす第一戦の機動部隊として暗躍したといえるでしょう。そのために優先順位からしてほとんど何の意味もないゴミ焼却対策に、膨大な国費を垂れ流すシステムができてしまったのです。高度な技術を培ってきた中小の焼却炉メーカは壊滅し、海外の技術を丸呑みした大手焼却炉メーカだけが暴利を貪るシステムができてしまった。農家の風物詩である野焼きも禁じられ、農家や林業などの一次産業は崩壊に向かっているのもこのＮＧＯの活動と無縁ではなさそうです。

暴走する正義のこぶし

環境運動が反戦イデオロギーと強くリンクしていることに気づいたのはトルストイの『戦争と平和』ならぬ『環境学と平和学[62]』と題する本を読んだ時です。この本を読み進めると、唐突に『虚構』を示して私を名指しで「化学業界の御用学者」と誹謗する部分に遭遇します。この本は暴力を主題にして展開していますが『虚構』の解析もなく個人を一方的に誹謗することは暴力であり、この著者に暴力を語る資格があるのか疑わしくなります。この本で個人名をあげて攻撃する部分はここぐらいですから、よほど私に対して腹の虫が治まらなかったようです。この本では「ダイオキシン」という単語が9カ所に使われていますが、ただ振りかざしているだけで、何らこれについて科学的解説はなく、科学者としての資質が問われます。

ネット情報を見ると、極端な反ダイオキシン運動に異論を唱える声を封殺することが各地で起こっていることが分かります。次の話は、第6章で紹介した所沢の市会議員の深川氏についてのものです。彼は、MH氏の登場とともに激しくなる市民運動に不穏なものを感じ、市議会での代表質問でダイオキシンを取り上げて警告を発してきました。ところが、2003年の市議選では、選挙カーの後ろを産廃ゴミを満載したトラックが追尾するなど妨害を受けたといいます。そして、私が書いた深川氏への応援文の宣伝ビラを配布したところ、市民グループが選挙事務所に押し掛け、そのためボランティアの方々が震え上がり、その後の選挙戦を断念したといいます。

私に対しても、各種団体から抗議の質問状が送りつけられ、またストーカーまがいの嫌がらせが続きました。週刊誌や専門誌に私を中傷する投書も掲載されました。本務校の新学部開設の妨害ともとれることもありました。

ある環境ＮＧＯは、『虚構』を直ちに書店から回収して謝罪し、林ゼミを解体せよ、さもなくば全国の環境ＮＧＯを動員して糾弾する、と脅迫まがいの質問状を送りつけてきました。本務校の学長・理事長の佐藤弘毅氏にも質問状が送られてきましたが、その内容は善処しなければ貴学の名誉は失墜するであろうという脅迫まがいのものでした。これに対して佐藤氏は、犯罪ならばいざ知らず、たとえ学長といえども自由な学問研究の府である大学で、教員の研究内容に口を挟むようなことは断じてあってはならない、という毅然とした姿勢を示しています。この顛末は、『目白学園創立八十年史』のコラム欄に紹介されています。

環境運動をこれほどに過激なものに駆り立てた背景には、ダイオキシン学者が発してきた誤った恐怖情報があり、それだけに彼らには重い責任があるといわざるを得ません。

あとがき

全国で吹き荒れるダイオキシン騒動を目の当たりにして、情報を冷静に見極める人材の育成が必要なことを痛感しました。そして来春、目白大学に新学部を開設し、そこに情報を見極める社会情報学科を開設する、と帯に書いた『虚構』を出してから、早18年が過ぎます。その後、『終焉』を出して数年後に急速に目を悪くし、今では白杖が欠かせなくなりました。このような中でこの本の執筆に駆り立てたものは、他の哺乳動物にはない人間の乳児の特殊性についての情報不足から発生している混乱であり、誤ったダイオキシン情報が被害を増幅させている現状を鑑みてのことです。そこで、当初は「終章」を設けて、人間の乳児の特殊性について解説しましたが、紙面の関係でこの章は割愛せざるを得なくなりました。これについては、近い内に新な形でまとめたいと考えています。

この本を書くにあたり、資料内容の再確認に多くの方々の支援を受けました。資料が古いこともあり、研究室や自室にある山のような資料から目的とするものを選び出し、それを朗読していただきました。それでも、目的とした資料の半分も探し出すことはできませんでした。そのため、記憶に頼った部分も少なからずありますが、これらはすべて事実と確信しています。

あまりに多くのボランティアの方々の善意に助けられましたから、お名前を把握していない方も多くおられます。そのため、ここではお世話になりました各種団体名や個人名は控えさせていただきましたが、みなさまに厚く感謝します。この本の執筆にあたり、本郷寛子氏を始めとして専門家諸氏から貴重な指摘を受けました。また、編集にあたり生野世方子氏にお世話になりました。刊行にあたっては日本評論社の佐藤大器氏・斎藤千佳氏にお世話になりました。これらの方々に感謝します。本書の刊行にあたっては目白大学学術書出版助成を受けました。

２０１７年１月５日　林　俊郎

巻末資料Ⅳ-1　乳幼児全体の調査

表　乳幼児数及び割合、病型分類・月齢階級・乳幼児の栄養方法別（実数　単位：人）

対象 乳幼児全体		総数	アトピー性皮膚炎あり					アトピーなし	不詳
			総数	軽度	中程度	重度	不詳	総数	
0か月	母乳	7285	492	295	156	34	7	6787	6
	人工乳	1155	70	46	19	4	1	1083	2
	混合乳	5321	346	216	100	24	6	4968	7
1か月	母乳	6574	472	279	152	34	7	6196	6
	人工乳	1303	83	51	25	6	1	1218	2
	混合乳	5945	365	234	103	23	5	5573	7
2か月	母乳	6167	443	256	148	33	6	5720	4
	人工乳	2722	163	100	49	11	3	2555	4
	混合乳	5034	315	208	83	19	5	4712	7
3か月	母乳	5541	405	233	137	29	6	5131	5
	人工乳	3807	216	129	66	16	5	3586	5
	混合乳	4555	300	202	77	18	3	4250	5
4か月	母乳	4468	341	192	117	27	5	4123	4
	人工乳	4469	259	153	81	20	5	4204	5
	混合乳	2374	191	136	41	13	1	2679	4
5か月	母乳	3536	266	150	88	23	5	3266	4
	人工乳	4121	222	125	70	22	5	3892	5
	混合乳	1855	135	95	28	11	1	1715	4
6か月	母乳	3175	249	140	82	22	5	2922	4
	人工乳	4336	237	136	76	20	5	4094	5
	混合乳	1797	128	92	24	11	1	1655	4
7か月	母乳	3037	239	136	77	21	5	2794	4
	人工乳	4884	273	161	83	23	6	4605	5
	混合乳	1191	90	57	18	4	1	1098	3
8か月	母乳	2896	229	130	74	20	5	2663	4
	人工乳	5031	288	173	86	23	6	4736	7
	混合乳	1083	80	58	16	5	1	1001	2
9か月	母乳	2750	221	126	71	20	4	2525	4
	人工乳	5095	294	175	89	25	5	4794	7
	混合乳	835	58	44	11	2	1	775	2
10か月	母乳	2574	206	118	65	19	4	2364	4
	人工乳	4913	277	164	84	24	5	4629	7
	混合乳	744	52	40	9	3	—	690	2
11か月	母乳	2237	179	102	57	15	4	2055	3
	人工乳	4325	245	142	80	18	5	4075	5
	混合乳	502	36	31	3	2	—	465	1
12か月	母乳	2022	162	92	51	15	4	1858	2
	人工乳	3869	224	130	71	18	5	3640	5
	混合乳	439	35	29	4	2	—	403	1

（厚生省『アトピー性疾患実態調査報告書より』作成）

巻末資料IV-2　乳幼児全体の調査

表　乳幼児数及び割合、病型分類・月齢階級・乳幼児の栄養方法別（実数　単位：人）

		総数	アトピー性皮膚炎あり					アトピーなし	不詳
			総　数	軽　度	中程度	重　度	不　詳	総　数	
0か月	母　乳	100	6.8	4.2	2.0	0.5	0.1	93.2	0.1
	人工乳	100	6.1	4.2	1.5	0.3	0.1	93.8	0.2
	混合乳	100	6.5	4.1	1.9	0.5	0.1	93.4	0.1
1か月	母　乳	100	7.1	4.2	2.3	0.5	0.1	92.8	0.1
	人工乳	100	6.4	3.9	1.9	0.5	0.1	93.5	0.2
	混合乳	100	6.2	3.8	1.7	0.4	0.1	93.7	0.1
2か月	母　乳	100	7.2	4.2	2.4	0.5	0.1	92.8	0.1
	人工乳	100	6.0	3.7	1.8	0.4	0.1	93.9	0.1
	混合乳	100	6.3	4.1	1.6	0.4	0.1	93.5	0.1
3か月	母　乳	100	7.3	4.2	2.5	0.5	0.1	92.6	0.1
	人工乳	100	5.7	3.4	1.7	0.4	0.1	94.2	0.1
	混合乳	100	6.6	4.4	1.7	0.4	0.1	93.3	0.1
4か月	母　乳	100	7.6	4.3	2.6	0.6	0.1	92.3	0.1
	人工乳	100	5.8	3.4	1.8	0.4	0.1	94.1	0.1
	混合乳	100	6.6	4.7	1.4	0.5	0.0	93.2	0.1
5か月	母　乳	100	7.5	4.2	2.5	0.7	0.1	92.4	0.1
	人工乳	100	5.4	3.1	1.7	0.5	0.1	94.4	0.1
	混合乳	100	7.3	5.2	1.5	0.5	0.1	92.5	0.2
6か月	母　乳	100	7.8	4.4	2.5	0.7	0.2	92.0	0.1
	人工乳	100	5.5	3.1	1.8	0.5	0.1	94.4	0.1
	混合乳	100	7.1	5.1	1.3	0.6	0.1	92.7	0.2
7か月	母　乳	100	7.9	4.5	2.5	0.7	0.2	92.0	0.1
	人工乳	100	5.6	3.3	1.7	0.5	0.1	94.3	0.1
	混合乳	100	7.6	5.6	1.5	0.3	0.1	92.2	0.3
8か月	母　乳	100	7.9	4.5	2.5	0.7	0.2	92.0	0.1
	人工乳	100	5.7	3.4	1.7	0.5	0.1	94.1	0.1
	混合乳	100	7.4	5.4	1.5	0.5	0.1	92.4	0.2
9か月	母　乳	100	8.0	4.6	2.6	0.7	0.1	91.8	0.1
	人工乳	100	5.8	3.4	1.7	0.5	0.1	94.1	0.1
	混合乳	100	6.9	5.3	1.3	0.2	0.1	92.8	0.2
10か月	母　乳	100	8.0	4.5	2.6	0.7	0.2	91.8	0.2
	人工乳	100	5.6	3.3	1.7	0.5	0.1	94.2	0.1
	混合乳	100	7.0	5.4	1.2	0.4	—	92.7	0.3
11か月	母　乳	100	8.0	4.6	2.5	0.7	0.2	91.9	0.1
	人工乳	100	5.7	3.3	1.8	0.4	0.1	94.2	0.1
	混合乳	100	7.2	6.2	0.6	0.4	—	92.6	0.2
12か月	母　乳	100	8.0	4.6	2.5	0.7	0.2	91.9	0.1
	人工乳	100	5.8	3.4	1.8	0.5	0.1	94.1	0.1
	混合乳	100	8.0	6.6	0.9	0.5	—	91.8	0.2

（厚生省『アトピー性疾患実態調査報告書』より作成）

巻末資料Ⅳ-3　乳児の調査

表　乳幼児数及び割合、病型分類・月齢階級・乳幼児の栄養方法別（実数　単位：人）

対象		総数	アトピー性皮膚炎あり					アトピーなし	不詳
乳児			総数	軽度	中程度	重度	不詳	総数	
0か月	母乳	2207	150	91	52	6	1	2056	1
	人工乳	282	16	12	4	—	—	266	—
	混合乳	2125	141	90	42	8	1	1984	1
1か月	母乳	1960	141	84	50	6	1	1818	1
	人工乳	354	26	16	8	2	—	328	—
	混合乳	2340	142	95	40	6	1	2197	1
2か月	母乳	1779	126	70	48	7	1	1652	1
	人工乳	923	63	41	19	3	—	859	1
	混合乳	1952	120	84	31	4	1	1832	—
3か月	母乳	1637	120	57	46	6	1	1516	1
	人工乳	1384	91	57	30	4	—	1292	1
	混合乳	1616	98	71	22	4	1	1518	—
4か月	母乳	862	65	32	29	4	—	797	—
	人工乳	986	69	45	20	4	—	917	—
	混合乳	709	47	36	8	3	—	662	—
5か月	母乳	82	3	—	2	1	—	79	—
	人工乳	133	9	4	1	4	—	124	—
	混合乳	55	5	2	1	2	—	50	—
6か月	母乳	29	2	—	1	1	—	27	—
	人工乳	46	2	1	—	1	—	44	—
	混合乳	15	2	—	—	2	—	13	—
7か月	母乳								
	人工乳								
	混合乳								
8か月	母乳								
	人工乳								
	混合乳								
9か月	母乳								
	人工乳								
	混合乳								
10か月	母乳								
	人工乳								
	混合乳								
11か月	母乳								
	人工乳								
	混合乳								
12か月	母乳								
	人工乳								
	混合乳								

（厚生省『アトピー性疾患実態調査報告書』より作成）

巻末資料IV-4　乳児の調査

表　乳幼児数及び割合、病型分類・月齢階級・乳幼児の栄養方法別（実数　単位：人）

対象 乳児		総数	アトピー性皮膚炎あり					アトピーなし	不詳
			総　数	軽　度	中程度	重　度	不　詳	総　数	
0か月	母　乳	100	6.8	4.1	2.4	0.3	0.0	93.2	0.0
	人工乳	100	5.7	4.3	1.4	—	—	94.3	—
	混合乳	100	6.6	4.2	2.0	0.4	0.0	93.3	0.0
1か月	母　乳	100	7.2	4.3	2.5	0.3	0.1	92.8	0.1
	人工乳	100	7.3	4.5	2.3	0.5	—	92.7	—
	混合乳	100	6.1	4.1	1.7	0.3	0.0	93.9	0.0
2か月	母　乳	100	7.1	3.9	2.7	0.4	0.1	92.9	0.1
	人工乳	100	6.8	4.4	2.1	0.3	—	93.1	0.1
	混合乳	100	6.1	4.3	1.5	0.2	0.1	93.9	—
3か月	母　乳	100	7.3	4.1	2.8	0.4	0.1	92.5	0.1
	人工乳	100	6.6	4.1	2.2	0.3	—	93.4	0.1
	混合乳	100	6.1	4.4	1.4	0.2	0.1	93.9	—
4か月	母　乳	100	7.5	3.7	3.4	0.5	—	92.5	—
	人工乳	100	7.0	4.5	2.0	0.4	—	93.0	—
	混合乳	100	6.6	5.1	1.1	0.4	—	93.4	—
5か月	母　乳	100	3.7	—	2.4	1.2	—	96.3	—
	人工乳	100	6.8	3.0	0.8	3.0	—	93.2	—
	混合乳	100	9.1	3.6	1.8	3.6	—	90.9	—
6か月	母　乳	100	6.9	—	3.4	3.4	—	93.1	—
	人工乳	100	4.3	2.2	—	2.2	—	95.7	—
	混合乳	100	13.3	—	—	13.3	—	86.7	—
7か月	母　乳								
	人工乳								
	混合乳								
8か月	母　乳								
	人工乳								
	混合乳								
9か月	母　乳								
	人工乳								
	混合乳								
10か月	母　乳								
	人工乳								
	混合乳								
11か月	母　乳								
	人工乳								
	混合乳								
12か月	母　乳								
	人工乳								
	混合乳								

（厚生省『アトピー性疾患実態調査報告書』より作成）

巻末資料IV-5　1歳6か月児の調査

表　乳幼児数及び割合、病型分類・月齢階級・乳幼児の栄養方法別（実数　単位：人）

対象 1歳6カ月児		総数	アトピー性皮膚炎あり					アトピーなし	不詳
			総数	軽度	中程度	重度	不詳	総数	
0か月	母乳	2561	132	76	39	11	6	2425	4
	人工乳	474	25	15	6	3	1	446	2
	混合乳	1721	89	52	24	9	4	1527	5
1か月	母乳	2369	131	74	39	12	6	2234	4
	人工乳	505	27	16	7	3	1	477	2
	混合乳	1949	97	57	27	9	4	1847	5
2か月	母乳	2207	123	68	40	11	4	2081	3
	人工乳	960	50	29	12	6	3	907	3
	混合乳	1655	82	50	21	7	4	1568	5
3か月	母乳	1978	113	63	36	10	4	1861	4
	人工乳	1277	59	32	15	7	5	1214	4
	混合乳	1566	83	52	22	7	2	1480	3
4か月	母乳	1839	109	61	35	9	4	1725	4
	人工乳	1846	89	44	30	9	6	1752	5
	混合乳	1127	57	42	8	6	1	1066	2
5か月	母乳	1752	101	55	34	8	4	1647	4
	人工乳	2114	100	50	33	11	6	2009	5
	混合乳	942	54	42	6	5	1	886	2
6か月	母乳	1606	91	50	30	7	4	1511	4
	人工乳	2287	111	57	36	12	6	2171	5
	混合乳	906	52	40	6	5	1	852	2
7か月	母乳	1544	85	47	27	7	4	1455	4
	人工乳	2556	125	65	40	14	6	2425	6
	混合乳	643	42	33	5	3	1	600	1
8か月	母乳	1480	82	45	27	6	4	1394	4
	人工乳	2643	132	71	41	14	6	2505	6
	混合乳	573	36	28	3	4	1	536	1
9か月	母乳	1406	76	42	25	6	3	1326	4
	人工乳	2675	133	72	40	16	5	2537	6
	混合乳	450	29	23	4	1	1	420	1
10か月	母乳	1321	72	42	22	5	3	1245	4
	人工乳	2583	125	66	39	15	5	2452	6
	混合乳	396	25	20	3	2	—	370	1
11か月	母乳	1156	65	36	21	5	3	1088	3
	人工乳	2285	110	56	36	13	5	2170	5
	混合乳	275	20	18	1	1	—	255	—
12か月	母乳	1039	59	33	19	4	3	978	2
	人工乳	2034	106	55	33	13	5	1924	4
	混合乳	229	18	15	2	1	—	211	—

（厚生省『アトピー性疾患実態調査報告書』より作成）

巻末資料IV-6　1歳6か月児の調査

表　乳幼児数及び割合、病型分類・月齢階級・乳幼児の栄養方法別（実数　単位：人）

対象 1歳6か月児		総数	アトピー性皮膚炎あり					アトピーなし	不詳
			総数	軽度	中程度	重度	不詳	総数	
0か月	母乳	100	5.2	3.0	1.5	0.4	0.2	94.7	0.2
	人工乳	100	5.5	3.4	1.3	0.5	0.2	94.1	0.4
	混合乳	100	5.2	3.0	1.4	0.5	0.2	94.5	0.3
1か月	母乳	100	5.5	3.1	1.6	0.5	0.3	94.3	0.2
	人工乳	100	5.3	3.2	1.4	0.5	0.2	94.3	0.4
	混合乳	100	5.0	2.9	1.4	0.5	0.2	94.8	0.3
2か月	母乳	100	5.6	3.1	1.8	0.5	0.2	94.3	0.1
	人工乳	100	5.2	3.0	1.2	0.5	0.3	94.5	0.3
	混合乳	100	5.0	3.0	1.3	0.4	0.2	94.7	0.3
3か月	母乳	100	5.7	3.2	1.8	0.5	0.2	94.1	0.2
	人工乳	100	4.6	2.5	1.2	0.5	0.4	95.1	0.3
	混合乳	100	5.3	3.3	1.4	0.4	0.1	94.5	0.2
4か月	母乳	100	5.9	3.3	1.9	0.5	0.2	93.9	0.2
	人工乳	100	4.8	2.4	1.6	0.5	0.3	94.9	0.3
	混合乳	100	5.1	3.7	0.7	0.5	0.1	94.8	0.2
5か月	母乳	100	5.8	3.1	1.9	0.5	0.2	94.0	0.2
	人工乳	100	4.7	2.4	1.6	0.5	0.3	95.0	0.2
	混合乳	100	5.7	4.5	0.6	0.5	0.1	94.1	0.2
6か月	母乳	100	5.7	3.1	1.9	0.4	0.2	94.1	0.2
	人工乳	100	4.9	2.5	1.6	0.5	0.3	94.9	0.2
	混合乳	100	5.7	4.4	0.7	0.6	0.1	94.0	0.2
7か月	母乳	100	5.5	3.0	1.7	0.5	0.3	94.2	0.3
	人工乳	100	4.9	2.5	1.6	0.5	0.2	94.9	0.2
	混合乳	100	6.5	5.1	0.8	0.5	0.2	93.3	0.2
8か月	母乳	100	5.5	3.0	1.8	0.4	0.3	94.2	0.3
	人工乳	100	5.0	2.7	1.6	0.5	0.2	94.8	0.2
	混合乳	100	6.3	4.9	0.5	0.7	0.2	93.5	0.2
9か月	母乳	100	5.4	3.0	1.8	0.4	0.2	94.3	0.3
	人工乳	100	5.0	2.7	1.5	0.5	0.2	94.8	0.2
	混合乳	100	6.4	5.1	0.9	0.2	0.2	93.3	0.2
10か月	母乳	100	5.5	3.2	1.7	0.4	0.2	94.2	0.3
	人工乳	100	4.8	2.6	1.5	0.6	0.2	94.9	0.2
	混合乳	100	6.3	5.1	0.8	0.5	—	93.4	0.3
11か月	母乳	100	5.6	3.1	1.8	0.4	0.3	94.1	0.3
	人工乳	100	4.8	2.5	1.6	0.6	0.2	95.0	0.2
	混合乳	100	7.3	6.5	0.4	0.4	—	92.7	—
12か月	母乳	100	5.7	3.2	1.8	0.4	0.3	94.1	0.2
	人工乳	100	5.2	2.7	1.6	0.6	0.2	94.6	0.2
	混合乳	100	7.9	6.6	0.9	0.4	—	92.1	—

（厚生省『アトピー性疾患実態調査報告書』より作成）

巻末資料Ⅳ-7　3歳児の調査

表　乳幼児数及び割合、病型分類・月齢階級・乳幼児の栄養方法別（実数　単位：人）

対象 3歳児		総数	アトピー性皮膚炎あり					アトピーなし	不詳
			総数	軽度	中程度	重度	不詳	総数	
0か月	母乳	2517	210	128	65	17	—	2306	1
	人工乳	399	28	18	9	1	—	371	—
	混合乳	1474	116	74	34	7	1	1357	1
1か月	母乳	2345	200	121	63	16	—	2144	1
	人工乳	443	30	19	10	1	—	413	—
	混合乳	1657	127	82	36	8	1	1529	1
2か月	母乳	2181	194	118	60	15	1	1987	—
	人工乳	839	50	30	18	2	—	789	—
	混合乳	1427	113	74	31	8	—	1312	2
3か月	母乳	1926	172	103	55	13	1	1754	—
	人工乳	1146	66	40	21	5	—	1080	—
	混合乳	1373	119	79	33	7	—	1252	2
4か月	母乳	1767	167	99	53	14	1	1600	2
	人工乳	1637	102	64	31	7	—	1535	—
	混合乳	1038	87	58	25	4	—	949	2
5か月	母乳	1702	162	95	52	14	1	1540	—
	人工乳	1874	115	72	36	7	—	1759	—
	混合乳	858	77	52	21	4	—	779	2
6か月	母乳	1540	156	90	51	14	1	1384	—
	人工乳	2003	124	77	40	7	—	1879	—
	混合乳	875	74	52	18	4	—	800	2
7か月	母乳	1493	154	89	50	14	1	1339	—
	人工乳	2328	148	96	43	9	—	2180	—
	混合乳	548	48	34	13	1	—	498	2
8か月	母乳	1416	147	85	47	14	1	1269	—
	人工乳	2388	156	102	45	9	—	2231	1
	混合乳	510	44	30	13	1	—	465	1
9か月	母乳	1344	145	84	46	14	1	1199	—
	人工乳	2419	161	103	49	9	—	2257	1
	混合乳	385	29	21	7	1	—	355	1
10か月	母乳	1253	134	76	43	14	1	1119	—
	人工乳	2330	152	98	45	9	—	2177	1
	混合乳	348	27	20	6	1	—	320	1
11か月	母乳	1081	114	66	35	11	1	967	—
	人工乳	2041	135	86	44	5	—	1905	1
	混合乳	227	16	13	2	1	—	210	1
12か月	母乳	983	103	59	32	11	1	880	—
	人工乳	1835	118	75	38	5	—	1715	1
	混合乳	210	17	14	2	1	—	192	1

（厚生省『アトピー性疾患実態調査報告書』より作成）

巻末資料Ⅳ-8　3歳児の調査

表　乳幼児数及び割合、病型分類・月齢階級・乳幼児の栄養方法別（実数　単位：人）

対象 3歳児		総数	アトピー性皮膚炎あり					アトピーなし	不詳
			総数	軽度	中程度	重度	不詳	総数	
0か月	母乳	100	8.3	5.1	2.5	0.7	—	91.6	0.0
	人工乳	100	7.0	4.5	2.3	0.3	—	93.0	—
	混合乳	100	7.9	5.0	2.3	0.5	0.1	92.1	0.1
1か月	母乳	100	8.5	5.2	2.7	0.7	—	91.4	0.0
	人工乳	100	6.8	4.3	2.3	0.2	—	93.2	—
	混合乳	100	7.7	4.9	2.2	0.5	0.1	92.3	0.1
2か月	母乳	100	8.9	5.4	2.8	0.7	0.0	91.1	—
	人工乳	100	6.0	3.5	2.1	0.2	—	94.0	—
	混合乳	100	7.9	5.2	2.2	0.5	—	91.9	0.1
3か月	母乳	100	8.9	5.3	2.9	0.7	0.1	91.1	—
	人工乳	100	5.8	3.5	1.8	0.4	—	94.2	—
	混合乳	100	8.7	5.8	2.4	0.5	—	91.2	0.1
4か月	母乳	100	9.5	5.6	3.0	0.8	0.1	90.5	—
	人工乳	100	6.2	3.9	1.9	0.4	—	93.8	—
	混合乳	100	8.4	5.5	2.4	0.4	—	91.4	0.2
5か月	母乳	100	9.5	5.6	3.1	0.8	0.1	90.5	—
	人工乳	100	6.1	3.5	1.9	0.4	—	93.9	—
	混合乳	100	9.0	6.1	2.4	0.5	—	90.8	0.2
6か月	母乳	100	10.1	5.8	3.3	0.9	0.1	89.9	—
	人工乳	100	6.2	3.8	2.0	0.3	—	93.8	—
	混合乳	100	8.4	5.9	2.1	0.5	—	91.3	0.2
7か月	母乳	100	10.3	6.0	3.3	0.9	0.1	89.7	—
	人工乳	100	6.4	4.1	1.8	0.4	—	93.6	—
	混合乳	100	8.8	6.2	2.4	0.2	—	90.9	0.4
8か月	母乳	100	10.4	6.0	3.3	1.0	0.1	89.6	—
	人工乳	100	6.5	4.3	1.9	0.4	—	93.4	0.0
	混合乳	100	8.5	5.9	2.5	0.2	—	91.2	0.2
9か月	母乳	100	10.8	6.3	3.4	1.0	0.1	89.2	—
	人工乳	100	6.7	4.3	2.0	0.4	—	93.3	0.0
	混合乳	100	7.5	5.5	1.8	0.3	—	92.2	0.3
10か月	母乳	100	10.7	6.1	3.4	1.1	0.1	89.3	—
	人工乳	100	6.5	4.2	1.9	0.4	—	93.4	0.0
	混合乳	100	7.8	5.7	1.7	0.3	—	92.0	0.3
11か月	母乳	100	10.5	6.1	3.3	1.0	0.1	89.5	—
	人工乳	100	6.6	4.2	2.2	0.2	—	93.3	0.0
	混合乳	100	7.0	5.7	0.9	0.4	—	92.5	0.4
12か月	母乳	100	10.5	6.0	3.3	1.1	0.1	89.5	0.0
	人工乳	100	6.4	4.1	2.1	0.3	—	93.5	0.1
	混合乳	100	8.1	5.7	1.0	0.5	—	91.4	0.5

（厚生省『アトピー性疾患実態調査報告書』より作成）

参考文献

まえがき

1 林 俊郎ほか、ソシオ情報シリーズ16『社会デザインと教養「悪法のシナリオ」』(三弥井書店、2016)
2 菊池 治、『つくられたAIDSパニック――疑惑の「エイズ予防法」(2版)』(桐書房、1996)
3 滝澤行雄、『ダイオキシンの医学――人間にとって最強の毒物か』(ブライユ、1993)
4 日垣 隆、『文藝春秋』、1998年10月号
5 林 俊郎、『ダイオキシン情報の虚構』(健友館、1999)
6 渡辺 正・林 俊郎、『ダイオキシン――神話の終焉(シリーズ・地球と人間の環境を考える)』(日本評論社、2003)
7 『毎日新聞』、2003年3月23日
8 守 一雄、『信濃毎日新聞』、書評、2003年3月9日

第1章

9 能登春男・能登あきこ、『明日なき汚染 環境ホルモンとダイオキシンの家――シックハウスがまねく化学物質過敏症とキレる子どもたち』(集英社、1999)
10 アン・ナダカブカレン著、岡本悦司訳、『地球環境と人間――21世紀への展望』(三一書房、1990)
11 「止めよう!ダイオキシン汚染」さいたま実行委員会編、『「ゴミ焼却」が赤ちゃんを殺すとき――しのびよるダイオキシン汚染をどうくい止めるか』(合同出版、1998)
12 環境総合研究所編、『Q&Aもっと知りたい環境ホルモンとダイオキシン――問題解決へのシステムづくり』(ぎょうせい、1999)
13 『東京くらしねっと』、No.12、1998年
14 ノーム・チョムスキー著、デイヴィッド・バーサミアンインタビュー、藤田真利子訳、『グローバリズムは世界を破壊する――プロパガンダと民意』(明石書店、2003)
15 『バイオテクニシャン』、Vol.6、No.1、1998年

16 ジョンC・エスポスィト他著、篠原亮太・貴戸東訳、『ダイオキシン入門』(日本環境衛生センター、1991)

第2章

17 綿貫礼子・河村宏編、『ダイオキシン汚染のすべて』(技術と人間、1984)

18 松田宗明、中村裕史、澤本尚美、船野博之、脇本忠明、H・T・Quynh、H・D・Cau、『戦争における枯葉剤』第二回国際シンポジウム抄録集、16p、1996年

19 シーア・コルボーン他著、長尾力訳『奪われし未来』(翔泳社、1997)

20 デボラ・キャドバリー著、井口泰泉監修、古草秀子訳、『メス化する自然――環境ホルモン汚染の恐怖』(集英社、1998)

第3章

21 環境庁ダイオキシンリスク評価研究会監修、『ダイオキシンのリスク評価』(中央法規出版、1997)

22 川名英之、『検証・ダイオキシン汚染』(緑風出版、1998)

23 『読売新聞』、1999年4月14日

24 小西良昌他、「ダイオキシン類による母乳汚染の経年推移」、『環境化学』、16、677-689、2006年

25 『科学新聞』、1999年9月24日

第4章

26 レイチェル・カーソン著、青樹簗一訳、『沈黙の春』(新潮社、1974)

第5章

27 化学物質対策法制研究会、『知っておきたいダイオキシン法』(大蔵省印刷局、2000)

第6章

28 立川涼・ダイオキシン環境ホルモン対策国民会議編、『提言 ダイオキシン緊急対策(生命と環境21)』(かもがわ出版、1999)

29 小室広佐子、「ダイオキシン報道の展開」、『東京大学社会情報研究所紀要』、(東京大学社会情報研究所、No.62、161-180、2002)

30 平岡正勝、『廃棄物処理とダイオキシン対策――都市ごみ焼却施設におけるダイオキシン防止技術の理解のために』(環境公害新聞社、1993)

31 『清掃のあらまし』(東京都清掃局、1997)

32 木田盈四郎、「ダイオキシンと奇形発生」、『周産期医学』、29巻、No.4、421-425、「特集　環境汚染と周産期」、1999年

第7章

33 小栗一太・赤峰昭文・古江増隆編、『油症研究——30年の歩み』（九州大学出版会、2000）
34 宮田秀明監修、『ダイオキシンから身を守る法（なんでも分かるシリーズ1）』（成星出版、1998）
35 石井裕正、「アルコールによる肝臓病」、『暮しの手帖』、第84号、2000年
36 「C型肝炎製剤について」、『選択　三万人のための情報誌』、2015年10月号、（選択出版）
37 林 俊郎、『ガン死のトップ 流行する肺ガン——それでもタバコを吸いますか』（健友館、1997）
38 厚生統計協会、『人口動態統計』、1995年
39 山口直人、第21回日本がん疫学研究会、テーマ：環境と発がん、46、1998年

第8章

40 エマニュエル・トッド著、石崎晴己訳、『帝国以後——アメリカ・システムの崩壊』（藤原書店、2003）
41 長山淳哉、『ダイオキシンは怖くないという嘘』（緑風出版、2007）

第9章

42 『The Japan Times』, Wednesday, December, 19, 2004

第10章

43 林 俊郎編著、『情報の「ウソ」と「マコト」』（一藝社、2004）
44 Assessment of the health risk of dioxins: re-evaluation of the Tolerable Daily Intake (TDI) WHO Consultation May 25-29 1998, Geneva, Switzerland WHO European Centre for Environment and Health International Programme on Chemical Safety
45 脇本忠明、『ダイオキシンの正体と危ない話』（青春出版社、1998）

第11章

46 日垣 隆、『それは違う!』（文藝春秋、2001）
47 宮田秀明・保田行雄、『ダイオキシンの現実（岩波ブックレットNo.486）』（岩波書店、1999）
48 『茨城県龍ケ崎城取清掃工場周辺住民健康実態調査』

第12章

49 長山淳哉監修、ダイオキシン問題を考える会・Dネット編著、『ダイオキシン汚染列島　日本への警告――子や孫たちの未来を守るために』（かんき出版、１９９７）

50 厚生省家庭児童局、『アトピー性疾患実態調査報告書』、１９９３年

51 片平洌彦編、『タミフル薬害――製薬企業と薬事行政の責任と課題』（桐書房、２００９）

52 厚生省児童家庭局母子衛生課監修『アトピー性皮膚炎生活指導ハンドブック』（南江堂、１９９４）

53 「アトピー性皮膚炎と育児不安　実態調査概要」、『厚生の指標』、41巻、32-39、１９９４年

54 本郷寛子、『母乳と環境――安心して子育てをするために』（岩波書店、２００９）

第13章

55 長山淳哉、「ダイオキシン類と農薬による母体汚染――胎児と乳児への影響の可能性」『周産期医学』、29巻、Ｎｏ．４、４３１-４３６、１９９９年

56 長山淳哉、『胎児からの警告――環境ホルモン・ダイオキシン複合汚染』（小学館、１９９９）

57 板倉聖宣、『脚気の歴史――日本人の創造性をめぐる闘い（やまねこブックレット）』（仮説社、２０１３）

第14章

58 井口泰泉監修、環境ホルモン汚染を考える会編著、『環境ホルモンの恐怖――人間の生殖を脅かす化学物質』（ＰＨＰ研究所、１９９８）

59 立花隆、東京大学教養学部立花隆ゼミ、『環境ホルモン入門』（新潮社、１９９８）

60 中西準子、「環境ホルモンカラ騒ぎ論」、『新潮45』、１９９８年12月号

第15章

61 ダレル・ハフ著、高木秀玄訳、『統計でウソをつく法――数式を使わない統計学入門』（講談社、１９６８）

62 戸田清、『環境学と平和学』（新泉社、２００３）

林 俊郎（はやし・としろう）

目白大学人間社会学部教授。
1949年、京都府出身。

専門は、応用微生物学、特にルーメン細菌のレンサ球菌の代謝研究。83年、国際的に認知された新菌種の特殊な代謝機構を国際学会で報告、その際に「がんとウイルス」の相関について強い触発を受けた。この研究をベースに、乳児の特殊な胃腸の機構、がんの発生要因に関する研究を進め、啓蒙書などを刊行してきた。

著書に、『ガン死のトップ 流行する肺ガン―それでもタバコを吸いますか』（健友館）、『生活習慣病が日本を滅ぼす』（健友館）、『激論！日本人の選択』（共著、小学館文庫）、『ダイオキシン情報の虚構』（健友館）、『乳幼児の突然死』（編著、健友館）、『ダイオキシン―神話の終焉』（共著、日本評論社）、『水と健康―狼少年にご用心』（日本評論社）他がある。

ダイオキシン物語《ものがたり》

残《のこ》された負《ふ》の遺産《いさん》

発行日 2017年2月25日 第1版第1刷発行

著者 林 俊郎
発行者 串崎 浩
発行所 株式会社日本評論社
〒170-8474 東京都豊島区南大塚3-12-4
電話 (03)3987-8621［販売］
(03)3987-8599［編集］

印刷 精文堂印刷
製本 難波製本
装幀 Malpu Design（清水良洋）
本文デザイン Malpu Design（佐野佳子）

©Toshiro Hayashi 2017 Printed in Japan
ISBN 978-4-535-78837-4

JCOPY 〈(社)出版者著作権管理機構 委託出版物〉
本書の無断複写は著作権法上での例外を除き禁じられています。複写される場合は、そのつど事前に、(社)出版者著作権管理機構（電話03-3513-6969, FAX 03-3513-6979, e-mail: info@jcopy.or.jp）の許諾を得てください。また、本書を代行業者等の第三者に依頼してスキャニング等の行為によりデジタル化することは、個人の家庭内の利用であっても、一切認められておりません。

環境リスク学

不安の海の羅針盤

中西準子 ●独立行政法人産業技術総合研究所名誉フェロー

東京都の下水道問題に端を発して、ダイオキシン問題、環境ホルモン、BSEに至る、さまざまな環境問題に対して真摯な態度で取り組んできた著者の活動をたどる1冊。環境リスク論の分野を切り開き、その先を見据える。

[第59回毎日出版文化賞][第5回日経BP・Biz Tech図書賞受賞]

◆四六判／本体1800円＋税

目次

1部 環境リスク学の航跡

1章 最終講義「ファクトにこだわり続けた輩がたどり着いたリスク論」／2章 リスク評価を考える――Q&Aをとおして

2部 多様な環境リスク

3章 環境ホルモン問題を斬る／4章 BSE(狂牛病)と全頭検査／5章 意外な環境リスク

日本評論社

https://www.nippyo.co.jp/